良好的习惯是人成功必备的法宝

如何改变习惯
RUHE GAIBIAN XIGUAN

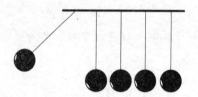

连山　编著

吉林文史出版社
JILINWENSHICHUBANSHE

前　言

PREFACE

　　习惯是由一个人行为的累积而形成的某些固定行为，是人们生活中习以为常的行为举止。习惯在我们不知不觉的反复重复过程中，会逐渐变成我们本能的一部分。因此，习惯具有一种能左右人命运、决定人生成败的巨大力量。古罗马诗人奥维德有一句经典名言："没有什么比习惯的力量更强大。"美国著名成功学大师拿破仑·希尔也说："习惯决定成败。"诚然，习惯是一个人思想与行为的真正领导者。好习惯让我们减少思考的时间、简化行动的步骤，让我们更有效率；坏习惯让我们封闭保守、自以为是、墨守成规。在我们的身上，好习惯与坏习惯并存。获得成功的概率就取决于好习惯的多少，所以说，人生仿佛就是一场好习惯与坏习惯的拉锯战。把良好的习惯坚持下来就意味着踏上了成功的列车。几乎所有的成功人士身上都有这样一个共性，那就是具有良好的习惯。正是这些好习惯，帮助他们开发出更多与生俱来的潜能，使他们成就梦想，踏上辉煌的发展之路。也有无数失败者用惨痛的事例证明，正是那些不良的习惯使他们离成功越来越远。许多人之所以没有成功，或者成功得很慢、很艰难，最重要的原因之一就是没有养成一个好习惯。如果你想要主宰自己的命运，那么，请先养成好的习惯——做自己习惯的主人。

　　贝尔实验室和3M公司曾经做过近十年的研究，得出一条令人吃惊的结论：使一个人比其他人更优秀的最重要因素，不是高智商，也不是精通社交技巧，而是良好的习惯。只要培养出良好的习惯并在实践中运用，发挥出自己巨大的潜能，你就能从平凡走向卓越。可见，成功者之所以成功，不是因为他们有着多么高的天赋和超常的才能，而是因为他们有着良好的习惯，并善于用良好的习惯来提高自己的工作效率，进而提高自己的生活品质。他们发现，好习惯能改变命运，能使自己过上富足的生活；好习惯能使身心健康、邻里和睦、家庭幸福美满。这一切都来源于好习惯的力量。从现在起，不要再抱怨命运没有给自己机会，而要问自己有没有养成能够把握住机会的习惯。很多人并不从自身的惰性因素中寻找原因，总是终日喋喋不休于外事外物对自身的影响，其实这对改善自身的素质无济于事。请你加快行动的步伐吧，从点滴做起，从培养良好的习惯做起……

为了帮助读者及早在各方面养成良好的习惯，我们精心编写了这部《如何改变习惯》。本书全面阐述了人一生要养成的成功习惯、工作习惯、思考习惯、说话习惯，提出了培养良好习惯的方法，内容涵盖了人生的方方面面，主题选择具有时代感和生活性，对实际生活具有很强的指导意义。当你翻开本书，了解了这些重要的人生习惯后，再根据书中的指导，持之以恒地去培养好习惯、改正坏习惯，相信一定能收获高效能的工作和高品质的生活，你的人生也会因此而改变。

目 录

CONTENTS

Part *02*
让你正确思考的习惯

Part 03
让你高效工作的习惯
—— 101

Part *04*
让你处处受欢迎的说话习惯
—— 162

- 序 -
习惯影响一生

习惯就在我们身边

世界上最可怕的力量是习惯，世界上最神奇的力量也是习惯，人的行为绝大部分都是习惯造成的，一旦形成了习惯，就没有了中间过程。

» 习惯的力量无比巨大

习惯的力量是巨大的。1873 年，美国发明家克利斯托弗发明了世界上第一台打字机，键盘完全是按照英文字母的顺序排列的。慢慢地，他发现打字的速度一旦加快，键槌就很容易被卡住。他的弟弟给他出了一个主意，建议他把常用字的键符分开布局，这样每次击键的时候，键槌就不会因为连续击打同一块区域而卡死。经过这样不规则的排列后，卡键的次数果然大大减少，但同时打字速度也减慢了。在推销打字机的时候，在利润的驱动下，克利斯托弗对客户说，这样的排列可以大大提高打字速度，结果所有人都相信了他的说法。现在，人们已经习惯了这样的键盘布局，并始终认为这的确能提高打字速度。

国外一些数学家经过研究得出结论，目前的排列是最笨拙的一种，凭借目前的技术已经解决了卡键问题，可现在出现第二种排列的键盘似乎不太可能，因为人们都习惯了。在强大的习惯面前，科学有时也会变得束手无策。

说起来你可能不信，一根矮矮的柱子，一条细细的链子，竟能拴住一头重达千斤的大象，可这令人难以置信的景象在印度和泰国随处可见。原来那些驯象人在大象还是小象的时候，就用一条铁链把它绑在柱子上。由于力量尚未长成，无论小象怎样挣扎都无法摆脱锁链的束缚，于是小象渐渐地习惯了而不再挣扎，直到长成了庞然大物，虽然它此时可以轻而易举地挣脱链子，但是大象依然选择了放弃挣扎，因为在它的惯性思维里，它仍然认为摆脱链子是永远不可能的。

小象是被实实在在的链子绑住的，而大象则是被看不见的习惯绑住的。

可见，习惯虽小，却影响深远。习惯对我们的生活有绝对的影响，因为它是一贯的。在不知不觉中，习惯经年累月地影响着我们的行为，决定我们思维和行为的方式，左右着我们的成败。看看我们自己，看看我们周围，好习惯造就了多少辉煌成果，而坏习惯又毁掉了多少美好的人生！习惯一旦形成，就极具稳定性。生理上的习惯左右着我们的行为方式，决定我们的生活起居；心理上的习惯左右着我们的思维方式，决定我们的接人待物。当我们的命运面临抉择时，是习惯帮我们做的决定。

» 习惯是什么

狗家族出了一条很有志气、很有抱负的小狗，它向整个家族宣布：要去横穿大沙漠，所有的狗都跑来向它表示祝贺。在一片欢呼声中，这只小狗带足了食物、水，然后上路了。3 天后，突然传来了小狗不幸牺牲的消息。

是什么原因使这只很有理想的小狗牺牲了呢？检查食物，还有很多；水不足吗？也不是，水壶还有水。后来经过研究，终于发现了小狗牺牲的秘密——小狗是被尿憋死的。

之所以被尿憋死是因为狗有一个习惯——一定要在树干旁撒尿。由于大沙漠中没有树，也没有电线杆，所以可怜的小狗一直憋了 3 天，终于被憋死了。

狗是如此，人呢？

狗是习惯的动物，同样人也是习惯的产物，习惯中的高级动物。

一个人的行为方式、生活习惯是多年养成的。比如，与人交往的形式、与人沟通的方式、与人相处的模式……都是多年习惯累积慢慢成型的。孔子在《论语》中提道："性相近，习相远也。""少小若无性，习惯成自然。"意思是说，人的本性是很接近的，但由于习惯不同便相去甚远；小时候培养的品格就好像是天生就有的，长期养成的习惯就好像完全出于自然。

俗话说："贫穷是一种习惯，富有也是一种习惯；失败是一种习惯，成功也是一种习惯。"如果你重视观念和思考，那么，你对此可能会有一些同感。

习惯也称为惯性，是宇宙共同法则，是无法阻挡的一股力量。"冬天来了，春天还会远吗？"这就是无法阻挡的一股力量；苹果离开树枝必然往下掉，同样是无法阻挡的一股力量。

没有惯性则没有力量，例如，静止的火车，要防止其滑行只需在每个驱动轮面前放一块 1 寸厚的木头就行了，但如果火车以每小时

100 公里的速度行驶的话，哪怕是一堵 5 尺厚的钢筋水泥墙也无法阻挡，可见惯性的力量多么巨大！

我们可以对"习惯"下一个定义：所谓的"习惯"，就是人和动物对于某种刺激的"固定性反应"，这是相同的场合和反应反复出现的结果。所以，如果一个人反复练习饭前洗手的话，那么这个行为就会融合到他更为广泛的行为中去，成为"爱清洁"的习惯。

习惯是某种刺激反复出现，个体对之做出固定性反应，久而久之形成的类似于条件反射的某种规律性活动。它包括生理和心理两方面，即能够直接观察及测量的外显活动和间接推知的内在心理历程——意识及潜意识历程。而且，心理上的习惯，即思维定式一旦形成，则更具持久性和稳定性，在更广泛的基础上，就成了性格特征。

成也习惯，败也习惯

习惯是一个人思想与行为的真正领导者。好习惯让我们减少思考的时间、简化行动的步骤，让我们更有效率；坏习惯让我们封闭保守、自以为是、墨守成规。在我们的身上，好习惯与坏习惯并存。获得成功的概率就取决于好习惯的多少，所以说，人生仿佛就是一场好习惯与坏习惯的拉锯战。把良好的习惯坚持下来就意味着踏上了成功的列车，把坏习惯坚持下来就意味着最终的结局是失败。

» 习惯能成就一个人，也能够摧毁一个人

有一个猎人，他在一次打猎中捡回一个老鹰蛋，回到家里，他把老鹰蛋和母鸡正在孵的鸡蛋放在一起。

没过多久，小鹰和小鸡一起出世了。在母鸡的照顾下，小鹰很开

心地和小鸡们生活在一起。

小鹰当然不知道自己是一只鹰，它和小鸡们一样学习鸡的各种生存本领。母鸡也不知道它是一只鹰，母鸡像教育其他小鸡那样教育小鹰。这只小鹰一直按照鸡的习惯生活。

在它们生活的地方，不时有老鹰从空中飞过。每当老鹰飞过时，小鹰就说："在天空飞翔多好啊，有一天我也要那样飞起来。"

听它这么说，母鸡每次都要提醒它："别做梦了，你只是一只小鸡！"

其他小鸡也一起附和："你只是一只鸡，你不可能飞那么高！"

被提醒的次数多了，小鹰终于相信它永远不可能飞那么高。小鹰再看到老鹰飞过时，便主动提醒自己："我是一只小鸡，我不可能飞那么高。"

就这样，这只鹰到死那一天也没有飞翔过——虽然它拥有翱翔蓝天的翅膀和体格。

可见，习惯虽小，却影响深远。你可以遍数名载史册的成功人士，哪一个人没有几个可圈可点的习惯在影响着他们的人生轨迹呢？当然，习惯人人都有，我们的惰性和惯性会使我们不止一次地重复某些事情，而经常反复地做也就成了习惯，比如爱笑的习惯、吝啬的习惯，甚至于饭前洗手的习惯，等等。习惯有大有小，有好有坏，林林总总。

习惯决定命运。这里面隐藏着人类本能的秘诀。

看看我们自己，看看我们周围，看看芸芸众生，好习惯造就了多少辉煌成果，而坏习惯又毁掉了多少美好的人生！习惯一旦形成，它就极具稳定性。心理上的习惯左右着我们的思维方式，决定我们的待人接物；生理上的习惯左右着我们的行为方式，决定我们的生活起居。日常的生活本身就是习惯的反复应用，而一旦遇上突发事件，根深蒂固的习惯更是一马当先地冲到最前面，所以，当我们的命运面临抉择时，是习惯帮我们做的决定。

事物总是一分为二，凡事都有其两面性。习惯也是一样，有正面就有负面。正面的是好习惯，好习惯有助于我们的成功；而负面的是坏习惯，坏习惯则导致我们的失败。

例如，礼貌是一种好习惯，走到哪里都能够彬彬有礼、以礼相待的人一定会深受欢迎，拥有这种习惯的人则容易成功；相反，失礼就是一种坏习惯。

微笑是一种习惯，可以预先消除许多不必要的怨气，化解许多不必要的争执，而老是板着面孔的人走到哪里都会制造紧张气氛。

所以说，习惯决定命运。习惯是通往成功的最实际的保证，习惯也是通向失败的最直接的通道。

» 卓越是一种习惯，平庸也是一种习惯

在我们的工作和生活中，有很多效率低下的例子。例如，有些人只知道一味地例行公事，而不顾做事的实际效果；他们总是采取一种被动的、机械的工作方式。在这种状态下工作的人，往往缺乏主观能动性和创造性，在工作中不思进取、敷衍塞责，总是为自己找借口，无休止地拖延……

另外，我们也可以看到很多做事高效的例子。例如，有些人做起事来注重目标、注重程序，他们在工作中往往采取一种主动而积极的方式。他们工作起来对目标和结果负责，做事有主见，善于创造性

地开展工作；工作中出现困难的时候会积极地寻找办法，勇于承担责任，无论做什么总是会给自己的上司一个满意的答复。

举一个例子来说吧，某公司的一位服务秘书接到服务单，客户要装一台打印机，但服务单上没有注明是否要配插线，这时，服务秘书有3种做法：

（1）开派工单。

（2）电话提醒一下商务秘书，看是否要配插线，然后等对方回话。

（3）直接打电话给客户，询问是否要配插线，若需要，就配齐给客户送过去。

第一种做法，可能导致客户的打印机无法使用，引起客户的不满；第二种做法，可能会延误工作速度，影响服务质量；第三种做法，既能避免工作失误，又不会影响工作效率。

显然，第三种做法就是一个高效做事的例子。

高效能人士与做事缺乏效率的人的一个重要区别在于：前者是主动工作、善于思考、主动找方法的人，他们既对过程负责，又对结果负责；而后者只是被动地等待工作，敷衍塞责，遇到困难只会抱怨，寻找借口。

另外，高效能人士不仅善于高效工作，同时也深谙平衡工作与生活的艺术。他们既不会为工作所苦，也不为生活所累。他们不是一个不重结果、被动做事的"问题员工"，也不是一个执着于工作，忽视了生活、整日为效率所苦的"工作狂"。

一个游刃于工作与生活之中的高效能人士应当具备很多素质，比如"做事有目标""能够正确地思考问题""是一个解决问题的高手""重视细节""高效利用时间""勇于承担责任，不找借口""正确应对工作压力""善于把握工作与生活的平衡""善于沟通交际""拥有双赢思维"，等等。

一位哲人说过："播下一种思想，收获一种行为；播下一种行为，收获一种习惯；播下一种习惯，收获一种性格；播下一种性格，收获一种命运。"要不断提升自己的素质，做一名合格的高效能人士，就要养成正确的工作和生活的习惯。

» 成功的习惯重在培养

美国学者特尔曼从 1928 年起对 1500 名儿童进行了长期的追踪研究，发现这些"天才"儿童平均年龄为 7 岁，平均智商为 130。成年之后，又对其中最有成就的 20% 和没有什么成就的 20% 进行分析比较，结果发现，他们成年后之所以产生明显差异，其主要原因就是前者有良好的学习习惯、强烈的进取精神和顽强的毅力，而后者则甚为缺乏。

习惯是经过重复或练习而巩固下来的思维模式和行为方式，例如，人们长期养成的学习习惯、生活习惯、工作习惯等。"习惯养得好，终身受其益""少小若无性，习惯成自然"。习惯是由重复制造出来，并根据自然法则养成的。

孩子从小养成良好的习惯，能促进他们的生长发育，更好地获取知识，发展智力。良好的学习习惯能提高孩子的活动效率，保证学习任务的顺利完成。从这个意义上说，它是孩子今后事业成功的首要条件。

但是习惯是从哪里来的呢？

习惯是自己培养起来的。当你不断地重复一件事情，最后就有了应该和不应该，开始形成了所谓的真理，但是你还有更多的事情没有接触到。

习惯应该是你帮助自己的工具，你需要利用自己的习惯来更好地生活，如果哪个习惯阻碍了你实现这样的目标，那么就该抛弃这样的坏习惯。

下面是培养良好习惯的过程与规则：

在培养一个新习惯之初，把力量和热忱注入你的感情之中。对于你所想的，要有深刻的感受。记住：你正在采取建造新的心灵道路的最初几个步骤，万事开头难。一开始，你就要尽可能地使这条道路既干净又清楚，下一次你想要寻找及走上这条小径时，就可以很轻易地看出这条道路来。

把你的注意力集中在新道路的修建工作上，使你的意识不再去注意旧的道路，以免使你又想走上旧的道路。不要再去想旧路上的事情，把它们全部忘掉，你只要考虑新建的道路就可以了。

可能的话，要尽量在你新建的道路上行走。你要自己制造机会来走上这条新路，不要等机会自动在你跟前出现。你在新路上行走的次数越多，它们就能越快被踏平，更有利于行走。一开始，你就要制订一些计划，准备走上新的习惯道路。

过去已经走过的道路比较好走，因此，你一定要抗拒走上这些旧路的诱惑。你每抵抗一次这种诱惑，就会变得更为坚强，下次也就更容易抗拒这种诱惑。但是，你每向这种诱惑屈服一次，就会更容易在下一次屈服，以后将更难以抗拒诱惑。你将在一开始就面临一次战斗，这是重要时刻，你必须在一开始就证明你的决心、毅力与意志力。

要确信你已找出正确的途径，把它当作是你的明确目标，然后毫无畏惧地前进，不要使自己产生怀疑。着手进行你的工作，不要往后看。选定你的目标，然后修建一条又好、又宽、又深的道路，直接通向这个目标。

你已经注意到了，习惯与自我暗示之间存在着很密切的关系。根据习惯而一再以相同的态度重复进行的一项行为，我们将会自动地或不知不觉地进行这项行为。例如，在弹奏钢琴时，钢琴家可以一面弹奏他所熟悉的一段曲子，一面在脑中想着其他的事情。

自我暗示是我们用来挖掘心理道路的工具，"专心"就是握住这个工具的手，而"习惯"则是这条心理道路的路线图或蓝图。要想把某种想法或欲望转变成为行动或事实，之前必须忠实而固执地将它保存在意识之中，一直等到习惯将它变成永久性的形式为止。

Part *01*
让你成功的习惯

只能修正自己，不能修正别人

自制是一种能力，一种可贵的自我限制行为。快乐源于自制，只有做到自制，才会心安理得，才会快乐。

高尔基说："任何一点对自己的控制，都呈现着伟大的力量。"自制，能让自我从他人的怒火中取得温暖；自制，会使内心中的潮汐由狂涨趋于平静；自制，能让人产生充满理性的约束力；自制，还能让人生发出不怒自威的震慑力量。

在某国的特种部队，流传着这样一个故事。

一个有经验的间谍被敌军捉住以后，立刻装聋作哑，任凭对方用怎样的方法诱问他，他都绝不为威胁、诱骗的话语所动。等到最后，审问的人故意和气地对他说："好吧，看起来我从你这里问不出任何东西，你可以走了。"

你以为这个有经验的间谍是怎样做的？

他会立刻带着微笑，转身走开吗？

不会的！

没有经验的间谍才会那样做。要是他真这样做，他的自制力是不够的，这样的人谈不上有经验。有经验的间谍会依旧毫无知觉地呆立着不动，仿佛他对于那个审问者的话完全不曾听见，这样他就胜利了。

审问者原想以释放他使他产生麻痹，来观察他的聋哑是否是真实的。一个人在获得自由的时候，常常会精神放松。但那个间谍听了依然毫无动静，仿佛审问还在进行，就不得不使审问者也相信他确是个聋哑人了，只好说："这个人如果不是聋哑的残废者，那一定是个疯子了！放他出去吧！"

就这样，间谍的生命以他特有的经验和自制力，保存下来了。

从这个故事中我们能得到什么启示？一个人的自制力便是力量！有时，为了获得真正的自由，必须有意识地克制自己。

很早的时候，我国古代圣贤就说过"克己"，也就是自制的意思。

南京大学有一个美国留学生叫唐·娜。寒假里，唐·娜随她的女同学张菁到其老家河南农村过年。大年初一，张家准备了一桌丰盛的酒席招待唐·娜。席上，张父特意以当地名酒款待嘉宾。张父给唐·娜斟了满满一杯酒，可是唐·娜只是礼貌地举杯，却滴酒不沾。

张家问其故。唐·娜说，她的家乡在美国西雅图州。当地的法律规定，公民年满21岁才能饮酒，她今年才19岁，还未到饮酒的年龄。

张家人劝她，这里是中国，不是美国，入乡随俗是可以的。再说，没有一个美国人会知道你在中国饮过酒。唐·娜却说，虽然自己身在国外，也应该遵守美国法律。名酒的味道很香，但她会克制自己，不到法定年龄，决不饮酒。

唐·娜始终没有饮酒，张家人对这个19岁的美国姑娘十分敬佩。

还有一个故事讲的是：一个商人，他经常到外国做生意。有一次，一笔生意成交以后，对方宴请他。对方听说这个商人十分喜欢吃虹鳟鱼，席上，主人特意请著名厨师做了一道名菜：清炖虹鳟鱼。

这道菜上来以后，商人眼睛一亮，看得出，商人真的很喜爱这道菜。奇怪的是，商人夹了一块鱼肉以后，还没有送到嘴里就又送了回去，放下筷子不吃了。

主人忙问其故，商人说，这是一条有籽的虹鳟鱼，我家乡的法律规定，要保护生态环境，不能吃有籽的母鱼。主人连忙说，这是在外国，不是你的家乡，这里并没有这样的法律。商人说，那不行，我走到哪儿都要遵守我国的法律。

主人很尴尬，再次劝商人说，即使是这样，这条虹鳟鱼已经烧熟了，不吃浪费了岂不可惜！商人却说，即使浪费了，他也不能吃。商人自始至终都没有碰这条虹鳟鱼。

美酒的味道很香，唐·娜却不为之心动；虹鳟鱼的味道很美，商人却不为之下箸。他们是在没有任何外界压力下的一种自我控制行为，是在自觉地履行道德上的某种义务。有较强自制能力的人，一定能够战胜自我，远离祸害，做到快快乐乐。如果不幸遇到祸害，他一定能够泰然处之，化祸为福，让自己快乐。可见，自制对快乐的人生是极其重要的。

一切都应与人分享

俗语说："赠花予人，手有余香。"学会付出是美好人性的体现，同时也是一种处世智慧和快乐之道。有一句名言说："人活着应该让别人因为你活着而得到益处。"学会分享、给予和付出，你会感受到舍己为人、不求任何回报的快乐和满足。幸福犹如香水，你不可能洒给别人而自己却不沾几滴。的确，在生活中，超越狭隘、帮助他人、撒播美丽、善意地看待这个世界……那么，快乐、幸福和丰收会时时与我们相伴。对此，罗曼·罗兰说得很精彩："快乐和幸福不能靠外来的物质和虚荣，而要靠自己内心的高贵和正直。"

贝尔太太是美国一位有钱的贵妇，她在亚特兰大城外修了一座花园。花园又大又美，吸引了许多游客，他们毫无顾忌地跑到贝尔太太的花园里游玩。

年轻人在绿草如茵的草坪上跳起了欢快的舞蹈；小孩子扎进花丛中捕捉蝴蝶；老人蹲在池塘边垂钓；有人甚至在花园当中支起了帐篷，打算在此过他们浪漫的盛夏之夜。贝尔太太站在窗前，看着这群快乐得忘乎所以的人们，看着他们在属于她的园子里尽情地唱歌、跳舞、欢笑。她越看越生气，就叫仆人在园门外挂了一块牌子，上面写着：私人花园，未经允许，请勿入内。可是这一点儿也不管用，那些人还是成群结队地走进花园游玩。贝尔太太只好让她的仆人前去阻拦，结果发生了争执，有人竟拆走了花园的篱笆墙。

后来贝尔太太想出了一个绝妙的主意，她让仆人把园门外的那块牌子取下来，换上了一块新牌子，上面写着：欢迎你们来此游玩，为了安全起见，本园的主人特别提醒大家，花园的草丛中有一种毒蛇。如果哪位不慎被蛇咬伤，请在半小时内采取紧急救治措施，否则性命难保。最后告诉大家，离此地最近的一家医院在威尔镇，驱车大约50分钟即到。

这真是一个绝妙的主意，那些贪玩的游客看了这块牌子后，对这座美丽的花园望而却步了。

可是几年后，有人再往贝尔太太的花园去，却发现那里因为园子太大，走动的人太少而真的杂草丛生，毒蛇横行，几乎荒芜了。孤独、寂寞的贝尔太太守着她的大花园，她非常怀念那些曾经来她的园子里玩的快乐的游客。

　　篱笆墙是农家用来把房子四周的空地围起来的类似栅栏的东西，有的上面还有荆棘，不小心碰上会扎入皮肤。篱笆墙的存在是向别人表示这是属于自己的"领地"，要进入必须征得自己的同意。贝尔太太用一块牌子为自己筑了一道特别的"篱笆墙"，随时防范别人的靠近。这道看不见的篱笆墙就是自我封闭。

　　自我封闭就是把自我局限在一个狭小的圈子里，隔绝与外界的交流与接触。自我封闭的人就像契诃夫笔下装在套子中的人一样，把自己严严实实包裹起来，因此很容易陷入孤独与寂寞之中。自我封闭的后果是什么呢？在封闭自己的同时，也把快乐和幸福封闭在外面。

　　我们每个人心中都有一座美丽的大花园。如果我们愿意让别人在此种植快乐，同时也让这份快乐滋润自己，那么我们心灵的花园就永远不会荒芜。

　　这一年的圣诞节，保罗的哥哥送给他一辆新车作为圣诞礼物。圣诞节的前一天，保罗从他的办公室出来时，看到街上一个小男孩在他闪亮的新车旁走来走去，并不时触摸它，满脸羡慕的神情。

　　保罗饶有兴趣地看着这个小男孩。从他的衣着来看，他的家庭显然不属于自己这个阶层。就在这时，小男孩抬起头，问道："先生，这是你的车吗？"

　　"是啊，"保罗说，"这是我哥哥送给我的圣诞礼物。"

　　小男孩睁大了眼睛："你是说，这是你哥哥给你的，而你不用花一角钱？"

　　保罗点点头。小男孩说："哇！我希望……"

　　保罗原以为小男孩希望的是也能有一个这样的哥哥，但小男孩说出的却是："我希望自己也能当这样的哥哥。"

保罗深受感动地看着这个男孩，然后问他："要不要坐我的新车去兜风？"

小男孩惊喜万分地答应了。

逛了一会儿之后，小男孩转身向保罗说："先生，能不能麻烦你把车开到我家门前？"

保罗微微一笑，他想他理解小男孩的想法：坐一辆大而漂亮的车子回家，在小朋友的面前是很神气的事。但他又想错了。

"麻烦你停在两个台阶那里，等我一下好吗？"

小男孩跳下车，三步并作两步地跑上台阶，进入屋内。不一会儿他出来了，并带着一个显然是他弟弟的小孩。这个小孩因患小儿麻痹症而跛着一只脚。他把弟弟安置在下边的台阶上，自己也紧靠着坐下，然后指着保罗的车子说："看见了吗？就像我在楼上跟你讲的一样，很漂亮对不对？这是他哥哥送给他的圣诞礼物，他不用花一角钱！将来有一天我也要送你一辆和这一样的车子，这样你就可以看到我一直跟你讲的橱窗里那些好看的圣诞礼物了。"

保罗的眼睛湿润了，他走下车子，将小弟弟抱到车子前排座位上。他的哥哥眼睛里闪着喜悦的光芒，也爬了上来。于是三个人开始了一次令人难忘的假日之旅。

在这个圣诞节，保罗明白了一个道理：给予真的比接受更令人快乐。

有位名人说：人活着应该让别人因为你活着而得到益处。的确，学会给予和付出，你会感受到舍己为人、不求任何回报的快乐和满足。一位儿童教育家说："只知索取，不知付出；只知爱己，不知爱人，是当前独生子女的通病。"学会付出是人类光辉人性的体现，同时也是一种处世智慧和快乐之道。

即使你拥有金钱、爱情、荣誉、成功，也许你还不曾拥有快乐。快乐是人生的至高追求，只有给予和付出，你才能实现这一追求。

海伦·凯勒曾说："任何人出于他的善良的心，说一句有益的话，发出一次愉快的笑，或者为别人铲平粗糙不平的路，这样的人就会感到欢欣是他自身极其亲密的一部分，以致使他终身去追求这种欢欣。"的确，在生活中，从一个表情、一句问候、一个眼神、一件小事开始，学会付出，善意地看待这个世界，快乐会时时与我们相伴。说到底，拥有快乐其实很简单。对此，还是罗曼·罗兰说得精彩："快乐不能靠外来的物质和虚荣，而要靠自己内心的高贵和正直。"

永不抱怨

如果一个人从年轻时就懂得永不抱怨的价值，那实在是一个良好而明智的开端。倘若你还没修炼到此种境界，就最好记住下面的话：如果说不出别人的好话，就宁可什么话也不说。

"烦死了，烦死了！"一大早就听王宁不停地抱怨，一位同事皱皱眉头，不高兴地嘀咕着："本来心情好好的，被你一吵也烦了。"

王宁现在是公司的行政助理，事务繁杂，是有些烦，可谁叫她是公司的管家呢，事无巨细，不找她找谁？

其实，王宁性格开朗，工作起来认真负责，虽说牢骚满腹，该做的事情，一点儿也不曾拖延。设备维护、办公用品购买、交通信费、买机票、订客房……王宁整天忙得晕头转向，恨不得长出8只手来。再加上为人热情，中午懒得下楼吃饭的人还请她帮忙叫外卖。

刚交完电话费,财务部的小李来领胶水,王宁不高兴地说:"昨天不是来过吗?怎么就你事情多,今儿这个、明儿那个的!"抽屉开得噼里啪啦,翻出一个胶棒,往桌子上一扔,说:"以后东西一起领!"小李有些尴尬,又不好说什么,忙赔笑脸:"你看你,每次找人家报销都叫亲爱的,一有点儿事求你,脸马上就长了。"

大家正笑着呢,销售部的王娜风风火火地冲进来,原来复印机卡纸了。王宁脸上立刻晴转多云,不耐烦地挥挥手:"知道了。烦死了!和你说一百遍了,先填保修单。"单子一甩,"填一下,我去看看。"王宁边往外走边嘟囔:"综合部的人都死光了,什么事情找我!"对桌的小张气坏了:"这叫什么话啊?我招你惹你了?"

态度虽然不好,可整个公司的正常运转真是离不开王宁。虽然有时候被她抢白得下不来台,但也没有人说什么。怎么说呢?她不是应该做的都尽心尽力做好了吗?可是,那些"讨厌""烦死了""不是说过了吗"……实在是让人不舒服。特别是同办公室的人,王宁一叫,他们头都大了。"拜托,你不知道什么叫情绪污染吗?"这是大家的一致反应。

年末的时候公司民主选举先进工作者,大家虽然觉得这种活动老套可笑,暗地里却都希望自己能榜上有名。奖金倒是小事,谁不希望自己的工作得到肯定呢?领导们认为先进非王宁莫属,可一看投票结果,50多张选票,王宁只得12张。

有人私下说:"王宁是不错,就是嘴巴太厉害了。"

王宁很委屈:"我累死累活的,却没有人体谅……"

抱怨的人不见得不善良,但常常不受欢迎。抱怨就像用烟头烫破一个气球一样,让别人和自己泄气。谁都不愿靠近牢骚满腹的人,怕

19

自己也受到传染。抱怨除了让你丧失勇气和朋友，于事无补。

将嫉妒转化为动力

嫉贤妒能是一种不良心态。嫉妒可能导致采取不法手段对付别人，既害人又害己，但最终受害者还是自己。

嘴与鼻子各有其位，但又不安分守己。

一天，嘴对鼻子说："你有什么本事，竟然凌驾于我的上方？"

鼻子说："我能辨别香臭，然后你才可以去吃，所以我的位置该在你之上。"

鼻子又对眼睛说："你有什么本领，敢在我之上？"

眼睛说："我能观察四面八方，功劳特大，当然应该在你上方。"

鼻子又说："如果是这样，那么眉毛有什么能力，也处在咱们的上方？"

眉毛说："我也不清楚自己怎么有了这么个位置，但如果没有我，不知你们这张脸皮该是什么样子！"

嫉妒的影子总是阻挡在你目光的前面。

我们都爱嫉妒，当别人比自己出色，我们就会眼红，并希望自己很快超越他。

嫉妒进入人的内心，就变成一个煽阴风、点鬼火的魔头，引发你的私欲，引你走进狭隘的深谷。

嫉妒是扼杀圣贤的刽子手，它会使人变得不择手段，以达到不可告人的目的，这是人类不好的一面。

但嫉妒也能产生积极进取的效果。用正当的手段，超越对手，这是良性的嫉妒。

正常的嫉妒是显而易见的，但我们不能将嫉妒转变为嫉恨，那样，我们会显得异常卑劣。

学会熔炼嫉妒，那就是把本能的嫉妒化解为进取的动能，把不平静的心态归于平静，把蔑视他人长处的目光折回到自己的短处上来，这样的嫉妒便是全新的、催人奋发上进的。

茫茫人海中，由于各人的机遇与境遇不同，人难免有差别，或飞黄腾达、意气风发，或穷困潦倒、默默无闻。但芸芸众生中，总有那么一些人不仅技不如人，而且对别人的成绩嗤之以鼻，"妒人之能，幸人之失"，从而上演了一场场丑陋的嫉妒闹剧。在现实生活中，为了别人评上了比自己高的职称而指桑骂槐，为了某人得到领导的厚爱而愤愤不平，为了别人的生活条件比自己好而郁郁寡欢的也大有人在，给本已不大平静的生活平添了几多烦恼和些许纷扰。

嫉妒当拒。嫉妒的危害力和破坏力也可从中略见一斑。嫉妒其实是一些人心态不平衡的表现。有嫉妒之心者，也往往自高自大，认为自己是"老子天下第一"，从而看不起别人，置别人的成绩于不顾，贬他人的才干如草芥。而当别人取得一些成绩时，他的心理便会失去平衡，总会千方百计地对那些优于自己者制造出种种麻烦和障碍：或打小报告，无中生有，唯恐天下不乱；或作扩音器，把一件小小的事情闹得满城风雨。嫉妒者还终日郁郁寡欢，唉声叹气。

只有被嫉妒者降到了与他一样的或向下的位置，他们才认为这样可以理所当然地消除妒气了，从而偃旗息鼓。所谓"君子坦荡荡，小人长戚戚，"嫉妒他人的人心中永远无法清净明朗，他们会每天心事重重、郁郁寡欢，因为嫉妒者也当属小人之列。

其实，嫉妒者应该注意了，你大可不必嫉妒那些有才能的人。俗话说，"尺有所短，寸有所长"。每个人都有自己的长处，也有自己的短处，为何非拿自己的短处与他人的长处硬比，自添一份抑郁？嫉妒他人者还可以化"嫉妒"为动力，用自己的奋斗和努力去消除与他人之间的差距，甚至超过他，或许别人也会对你羡慕不已。

在当今社会竞争激烈、人才辈出的时代里，如果我们，没有容人海量，没有爱才和取人之长补己之短的健康向上心理，就很难成就自己的事业，甚至往往因生嫉妒心而患上心理疾病。

人总有一种要求成功的愿望，有一种超过别人的冲动，这正是社会所希望的。但是，有些人在无法成功或无法超过的时候，产生了一种由羞愧、愤怒、怨恨等组成的复杂情感，这就是嫉妒，说得俗一些，就是得了"红眼病"。嫉妒的产生则是令人担忧的。嫉妒一经产生，它便成了纷扰的源泉：看到别人成功了，就生气、难过、闹别扭；听说别人强于自己，就四处散布谣言，诋毁别人的成绩；发现几个人亲如家人，就想方设法去施"离间计"，等等。这样的嫉妒不仅妨碍了他人的生活，而且自食其果，给自己带来极大的心理痛苦。

本来，嫉妒是人类的一种普遍的情绪，它源于人类的竞争，其本身具有一定的生物学意义，或起积极作用，或起消极作用，这视其指向和表现方式是否有益于自身的发展和社会的需要而转移。例如，有些人嫉妒是出于不服与自惭而不甘居下，奋发努力，力争上游，这就是积极的心理与行为。这种情形在充满竞争的现代社会里，更有其积极的意义。再如，莎士比亚就曾经把嫉妒视作爱情的"卫道士"。爱情当中的嫉妒也是有一定积极意义的。爱情具有强烈的排他性，自己的恋人如果反对你同别的异性接触和交往，正是反映了他（她）对你的爱的程度。相反，如果从不"吃醋"，毫无嫉妒心，那么也许你们之间的关系还只是喜欢水平的友谊，而不是爱情。

当然，值得庆幸的是，严重的嫉妒心理在大多数人那里找不到生长的温床，只有心胸狭隘的人容不得别人比自己做得好。他们像武大郎开店那样，比自己高的人都不能来做跑堂；他们也像三国时的周瑜那样，发出"既生瑜，何生亮？"的感慨。在交往中，心胸狭隘的特点更是暴露无遗。他们总希望别人都围着自己转，一旦满足不了这个愿望时，他们就会发脾气。他们还会因一些微不足道的事而产生嫉妒心理，别人在外貌、财富、学识、地位、爱情等方面的优越都可以成为滋生嫉妒的基础。例如，他们会因为别人容貌端正可爱、受人欢迎而嫉妒得暴跳如雷，会因为别人凭借能力拿到比自己高的薪水而愤愤不平，这些心胸狭隘的人往往还缺乏修养，他们在本不该产生嫉妒心理时却产生嫉妒的怨恨之后，总是不能控制情绪的发展，更不能将其转化到积极的方面，而是立即将嫉妒心理转变成嫉妒行动，一直到发泄了怨恨、平衡了心理之后，方才罢休。

但是，不管嫉妒心理出现在什么样的人身上，既然它是一种有害的心理，我们就应当克服它、摆脱它。克服嫉妒心理首先要纠正自己的认知偏差。嫉妒者在别人成功时，总以为别人的成功是对自己的威胁，是对自己利益的侵占。实际上，别人的成功完全在于自己的努力，他有权获得这份荣誉。嫉妒者不应当把别人的成功等同于自己的失败，而应当学会比较的方法，善于学习别人的长处来克服自己的短处，而不是以己之短比人之长。

用来克服嫉妒心理的方法主要是文饰，即为缓解由失败带来的内心不安，从而给自己找一些有利的而在别人看来是不合理的理由。例如，别人成功时，我们可以轻描淡写地说一句"那是他奋斗的结果，如果我努力，也会做到的"，以此缓解心中的不满，避免嫉妒心理的产生。这种方法确实可以平衡一个人的心理状态，但过分的使用，就会妨碍一个人的上进心。

当受到他人嫉妒的时候，也有一些消极的情绪，当有人嫉妒你时，一定要保持一种平静的心情，不动声色地继续与其交往。乐观的人在受到他人嫉妒时，往往心里比较高兴，因为别人的嫉妒证明了自己是超过他人的，没有人去嫉妒一个无能之辈，所以他们对嫉妒者笑脸相待。而悲观者在受到他人嫉妒时，不是忍声吞气和收敛自己的努力，就是争辩赌气，结果正中嫉妒者的下怀，所以正确的态度是不亢不卑，坦坦荡荡。嫉妒，滋生了人间的纷扰，带来了世态的不安，诽谤、诬陷、报复和发泄成了那些嫉妒者的主要行为，而嫉妒者自己也被嫉妒折磨得"遍体鳞伤"。嫉妒者在正视了这些现实以后，也为以前的所作所为感到后怕，更主要的是，他们勇敢地执起了神棒，赶走了这个"四处游荡的魔鬼"。

一个有道德的人，一个思想纯正的人，一个能积极进取的人，当他发现有人比自己做得好，比自己有能力时，从不去考虑别人是否超过了自己，或对别人心生不满，而是从别人的成绩中找出自己的差距所在，从而振作精神，向人家学习。这样，便有可能在一种积极进取的心理状态下，迸发出创造性，赶上或超过曾经比自己强的人。这就是古人说的见贤思齐。

总之，嫉妒是一种不健康的心理，但如果你想改变它，不是不可能，只要你努力。有见贤思齐的精神，学会调整自己的心态，不断开阔自己的心胸，那些可能会不期而至的嫉妒心理便会烟消云散。你如果能不断地克服这种不良的心态，你的人格就会不断地健全，你便会成为一个受人欢迎的人。

和他人双赢

中国人喜欢用筷子作餐具，用过筷子的人都知道，只有将两支独立的筷子放在一起才能夹起你想要吃的东西。如果你分开它们，用其中的任一支来用餐，那么恐怕你就会饿肚子了。这两支筷子也蕴含了一个道理，那就是和他人双赢会赢得更多。

曾经有一名商人在一团漆黑的路上小心翼翼地走着，心里懊悔自己出门时为什么不带上照明的工具。忽然前面出现了一点光亮，并渐渐地靠近。灯光照亮了附近的路，商人走起路来也顺畅了一些。待到他走近灯光时，才发现那个提着灯笼走路的人竟然是一位盲人。

商人十分奇怪地问那位盲人说："你本人双目失明，灯笼对你一点用处也没有，你为什么要打灯笼呢？不怕浪费灯油吗？"

盲人听了他的问话后，慢条斯理地回答道："我打灯笼并不是为给自己照路，而是因为在黑暗中行走，别人往往看不见我，我便很容易被人撞倒。而我提着灯笼走路，灯光虽不能帮我看清前面的路，却能让别人看见我。这样，我就不会被别人撞倒了。"

这位盲人用灯火为他人照亮了本是漆黑的路，为他人带来了方便，同时也因此保护了自己。正如印度谚语所说："帮助你的兄弟划船过河吧！瞧，你自己不也过河了！"

在这个纷繁复杂的社会中，每个人都需要别人的帮助。适应他人固然要心胸宽广和虚心学习，但如果仅仅是单方面地适应，则可能仍然得不到他人的支持与帮助。因此，具备施予心，还要具备帮助他人适应你的能力和习惯。

战胜对手、实现成功是我们的奋斗目标。良好的人际关系是促成成功的一个重要因素。人在通往成功的路上更多的是战胜自己，而不是战胜他人，更多的是与他人相互合作，而不是相互争斗。我们所说的竞争是合作前提下的竞争，是竞争与合作的对立统一。试想，纵然你获取了万贯财产，可是由于品行问题搞得众叛亲离，成了孤家寡人，哪里有一点儿幸福感可言？

成功与幸福始终是相伴而行的。缺乏情感的冷冰式的成功实际上是暂时的，伴随这样的成功而来的，更多的是痛苦，而不是喜悦。

所以，我们应将事业上的竞争定位为具体的工作，而不应是个别的某个人。朋友之间在事业上可以竞争，但在生活中还是好朋友；甚至一家人之间也存在竞争，但更重视合作。可以说，人来到世上，离开合作，谁也无法生存。因此，我们一方面提倡自助，另一方面主张接受帮助和给予帮助。我们不能单纯为了小范围的个人利益而相互争斗，我们应该为了大范围内的共同利益而合作。多帮助他人，才可能得到更多的帮助。

其实，帮助需要帮助的人，对帮助别人的人更有益处。玛格丽特·泰勒·耶茨是一位小说家，但她写的小说没有一部比得上她自己的故事那么真实而精彩，她的故事发生在日本偷袭珍珠港的那天早晨。耶茨太太由于心脏不好，一年多来一直躺在床上不能动，每天得在床上度过22个小时。最长的旅程是由房间走到花园去进行日光浴。即使那样，也还得倚着女佣的扶持才能走动。

耶茨当年以为自己的后半辈子就这样卧床了。如果不是日军来轰炸珍珠港，她永远都不能真正生活了。

发生轰炸时，一切都陷入了混乱。一颗炸弹掉在耶茨家附近，将她震得跌下了床。陆军派出卡车去接海、陆军军人的妻儿到学校避难。红十字会的人打电话给那些有多余房间的人。他们知道耶茨床旁有个电话，问她是否愿意帮忙做联络中心。于是耶茨记录下了那些海军、陆军的妻儿现在留在哪里，这样红十字会的人才能叫那些先生们打电话到耶茨那里找自己的眷属。

耶茨很快发现她的先生是安全的。于是，她努力为那些不知先生生死的太太们打气，也安慰那些寡妇们——好多太太都失去了丈夫。这一次阵亡的官兵共计 2117 人，另有 960 人失踪。

开始的时候，耶茨还躺在床上接听电话，后来她坐在了床上。最后，她越来越忙，又很亢奋，居然忘了自己的毛病，她开始下床坐到桌边。因为帮助那些比她状况还惨的人，她完全忘我了，她再也不用躺在床上了，除了每晚睡觉的 8 个小时。耶茨发现如果不是日本空袭珍珠港，她可能下半辈子都是个废人。此前，躺在床上的她总是在消极地等待，潜意识里已失去了复原的意志。

珍珠港遭袭是美国历史上的一大惨剧，但对耶茨个人而言，却是最重要的一件好事。这个危机给了耶茨一个活下去的重要理由，使她再也没有时间去想自己或照顾自己了。它让耶茨找到了一种力量，迫使她把注意力从自己身上转移到别人身上。

心理医师的病人如果都能像耶茨太太所做的那样去帮助别人，至少有三分之一的病人可以痊愈。

人生不如意事十有八九，有时遭受的甚至是毁灭性的打击，在这种情况下，没有人会拒绝别人善意的帮助。"君子不乘人之危"是说正义的人不会在危急时刻再给他人伤口上撒一把盐，把别人置于死地。我们主张"君子好拯人之危"，是指在别人处于危难之时，君子能够挺身而出，伸出援助之手。电影或小说中经常有一些这样的片段：两个本是对手的人，其中一方落难后得到另一方的救助，而后两人成了亲密的朋友。敌人之间尚且如此，更何况大多数人是我们的朋友，因此，保持一颗同情心至关重要。

帮助他人有时只需要时间上的耗费和一些关怀的语言，有时则需要物质上的帮助。当然，如果从长远利益来看，牺牲这点个人利益是微不足道的。

比如，当年微软和苹果争雄时，因为微软公司的"兼容"，允许各大电脑厂商使用自己的操作系统而使自己迅速发展为世界软件业巨头，相反，苹果的"不兼容"则使自己的路越走越窄。

俗话说"投之以桃，报之以李"，今天你帮助他人，他可能不会马上报答，但他会记住你的好处，也许会在你不如意时给你以回报。退一万步来说，你帮助别人，他即使不会报答你的厚爱，但可以肯定的是，他日后至少不会做出对你不利的事情。如果大家都不做不利于你的事情，这不也是一种极大的帮助吗？

不做无谓的争论

卡耐基说："无论对方的才智如何，都不要存在靠争论改变任何人的想法。从争论中获胜的唯一秘诀是避免争论。"的确，言不可果腹，更不能充饥。明智的人不会和别人唇枪舌剑，只会尽量化解不必要的争论，因为少了面红耳赤的争论，会使双方互相尊重，从而增进友谊。

有 A 和 B 两位先生，A 先生的性情非常固执，不肯认错。有一天，他们两人正在闲谈，无意中谈到了砒霜是一种有毒物质，而 A

先生偏说没毒，有时吃了还可以滋补身体。B 先生反对 A 先生的主张。但 A 先生越是受到 B 先生的反对，越是要为自己的主张辩护。结果，A 先生为使他的主张成立，对 B 先生说："你不相信吗？那我们可以当场试验，我来吃给你看，到底我吃了砒霜之后会不会死。"B 先生到了这时候，深恐 A 先生真的中毒而死，所以竭力说砒霜有大毒，劝 A 先生不要冒险。但 B 先生越是劝他不要吃，他越是要吃给 B 先生看。结果 A 先生一命鸣呼。

A 先生死了之后，因为俩人本来是好友，所以 B 先生深感悔恨，说当时不该和他这样地争辩。

为了在口头上争个输赢，竟然一死一伤（心伤），真是令人扼腕。

留心我们的周围，争辩几乎无处不在。一场电影、一部小说能引起争辩，一个特殊事件、某个社会问题能引起争辩，甚至某人的发式与装饰也能引起争辩。而且往往争辩留给我们的印象是不愉快的，因为其目标指向很明确：每一方都以对方为"敌"，试图以一己的观念强加于别人。

这样看来。你虽然得到了口头的胜利，但和那位朋友的关系却从此疏远了，甚至一刀两断。比较之下，你会不会觉得，当初真是有欠考虑，仅仅为了口头的胜利，而得罪了一个朋友——如果那位朋友较小气，说不定他正在伺机报复呢！

有些人在和朋友翻脸之后，明知大错已铸成，也故作不后悔状，还经常这样认为："这样的朋友不要也罢。"其实这样对你又有什么好处？而坏处却很快可以看到，因为和别人结怨，你就少了一位倾吐心事的人。

不要为小事抓狂

为小事而抓狂，是很多人都有的情绪，也正是因为这样，往往会因小而失大。学会控制自己的情绪，你才能成为胜利者。

在非洲草原上，有一种不起眼的动物叫吸血蝙蝠，它的身体极小，却是野马的天敌。这种蝙蝠靠吸动物的血生存。在攻击野马时，它常附在野马腿上，用锋利的牙齿迅速、敏捷地刺入野马腿，然后用尖尖的嘴吸食血液。无论野马怎么狂奔、暴跳，都无法驱逐这种蝙蝠，蝙蝠可以从容地吸附在野马身上，直到吸饱才满意而去。野马往往是在暴怒、狂奔、流血中无奈地死去。

动物学家们百思不得其解，小小的吸血蝙蝠怎么会让庞大的野马毙命呢？于是，他们进行了一次实验，观察野马死亡的整个过程。结果发现，吸血蝙蝠所吸的血量是微不足道的，远远不会使野马毙命。动物学家们在分析这一问题时，一致认为野马的死亡是它暴躁的习性和狂奔所致，而不是因为蝙蝠吸血致死。

一个心智成熟的人，必定能控制住自己所有的情绪与行为，不会像野马那样为一点儿小事抓狂。当你在镜子前仔细地审思自己时，你会发现自己既是你最好的朋友，也是你最大的敌人。特别是你要控制别人之前，一定要先控制住自己。如果你不能征服自己，就会被别人所征服。

在一场举世瞩目的赛事中，某人很可能卫冕台球世界冠军。他只要把最后那个 8 号黑球打进球门，凯歌就奏响了。就在这时，不知从什么地方飞来一只苍蝇。苍蝇第一次落在握杆的手臂上。有些痒，他停下来。苍蝇飞走了，这回竟飞落在了他锁着的眉头上。他只好不情愿地停下来，烦躁地去打那只苍蝇。苍蝇又轻捷地脱逃了。他做了一番深呼吸再次准备击球。天啊！他发现那只苍蝇又回来了，像个幽灵似的落在了8号黑球上。他怒不可遏，拿起球杆对着苍蝇捅去。苍蝇受到惊吓飞走了，可球杆触动了黑球，黑球当然也没有进洞。按照比赛规则，该轮到对手击球了。对手抓住机会死里逃生，一口气把自己该打的球全打进了。

他失败了，恨死了那只苍蝇。在大众的喧哗中，他不堪重负，不久就自己结束了生命。临终时他对那只苍蝇还耿耿于怀。一只苍蝇和一个冠军的命运胶着在一起，也许是偶然的，倘若他能制怒并静待那只苍蝇飞走的话，故事的结局也许应该重写了。

不要让一只苍蝇飞进灵魂里，不要因小事怄着一口气久久不散去，从而输掉青春、爱情、可能的辉煌和一伸手就能摘到的幸福。

换个角度看问题

法国雕塑家罗丹说过："我们的生活里不是缺少美，而是缺少发现。"生活里有着许许多多美好的事物，许许多多的快乐，关键在于我们能不能发现。而要发现它，关键在自己。

有一个人，日子过得烦闷而无趣，他要去找那些快乐的人，问问快乐的秘诀。他想，国王尊贵而富足，一定快乐。他见到了国王，国王却说："我一天要面对那么多要处理的事，我还要时时操心王位是否牢固，我晚上觉都睡不安稳，哪有快乐可言？"他又想，流浪汉一天无忧无虑的，一定快乐。但流浪汉却说，"我连今天晚上到哪儿睡觉都没着落，我哪会快乐？"这个人搞不懂了：世界上真没有快乐的人了吗？我去哪里能找到快乐的秘诀？这时一个老者告诉他，国王也可以快乐，只要他不被权力和金钱迷住了心灵；流浪汉也可以快乐，只要他不被贫困压倒。

快乐不快乐，在于你自己，关键是你从什么角度看待问题。

有一句禅语叫"掬水月在手"。苍天的月亮太高，凡人的力量难以企及，但是开启智慧，掬一捧水，月亮美丽的脸就会笑在掌心。

关键是人在极度的困境中，是否奋力一搏，是否能有破釜沉舟的勇气？

遗憾的是，很多时候，我们的精神先于我们的身躯垮下去了。有这样一个古代的寓言：一个人经过两山对峙间的木桥，突然，桥断了，奇怪的是，他没有跌下去，而是停在半空中。脚下是深渊，是湍急的涧水。他抬起头，一架天梯荡在云端。望上去，天梯遥不可及。倘若落在悬崖边，他绝对会乱抓一气的，哪怕抓到一根救命小草。可是这种境地，他彻底绝望了，吓瘫了，抱头等死。渐渐地，天梯缩回云中，不见了踪影。云中的声音说，这叫障眼法，其实你踮起脚尖儿就可以够到天梯，是你自己放弃了求生的愿望，那么只好下地狱了。

踮起脚尖儿，就是另一条生命，另一种活法，另一番境界。

人在任何时候都不应该放弃信念和希望，信念和希望是生命的维系。只要一息尚存，就要追求，就要奋斗。其实，大自然始终在启迪着人们——在春花秋叶舞蹈般潇洒的飘落里，蕴含着信念和希望；巨大岩石的裂缝中钻出的小草，昭示着信念和希望；不断被山风修改着形象的悬崖边的苍松和手心水中的明月无不向我们展示着信念和希望。朋友，在任何时候，无论处在什么样的境遇，请不要放弃希望和信念，如果你的心灵已太久不曾有过渴望的涌动，请你轻轻地将它激活，让它焕发健康的亮色，下面，我们一起看一则关于信念的故事。

一场突然而至的沙尘暴，让一位独自穿行大漠者迷失了方向，更可怕的是连装干粮和水的背包都不见了。翻遍所有的衣袋，他只找到一个泛青的苹果。

"哦，我还有一个苹果。"他惊喜地喊道。

他攥着那个苹果，深一脚浅一脚地在大漠里寻找着出路。整整一个昼夜过去了，他仍未走出空阔的大漠。饥饿、干渴、疲惫，一齐涌上来。望着茫茫无际的沙海，有好几次他都觉得自己快要支撑不住了，可是看一眼手里的苹果，他抿抿干裂的嘴唇，陡然又添了些许力量。

顶着炎炎烈日，他又继续艰难地跋涉。三天以后，他终于走出了大漠。那个他始终未曾咬过的青苹果，已干巴得不成样子，他还宝贝似的擎在手中，久久地凝视着。

在人生的旅途中，我们常常会遭遇各种挫折和失败，会身陷某些意想不到的困境。这时，不要轻易地说自己什么都没了，其实只要心灵不熄灭信念的圣火，努力地去寻找，总会找到能渡过难关的那"一个苹果"。攥紧信念的"苹果"，就没有穿不过的风雨、涉不过的险途。

所以，无论面对怎样的环境，面对再大的困难，都不能放弃自己的信念，放弃对生活的热爱。因为很多时候，打败自己的不是外部环境，而是你自己本身。

全力以赴才有更多机会

"没有机会"，往往是弱者的推托之词，往往是挫败者或不图进取者的推托之词。要知道，弱者等待机会，强者创造机会，机会只会青睐那些生活中的强者。如果你自己不去主动寻找和创造机会，那么命运之神绝不会主动把胜利的花环戴在你的头上。

在动物王国的历史上有这样一个故事。

有一次，猴王马克打了一次大胜仗。有个大臣问它：假如有机会，你想不想再去攻占下一个山头？而其他的大臣则纷纷进言，说凭猴王现在的运气，完全能打赢另一个大仗，攻下更多的山头。

猴王马克大怒，说："难道你们以为我是靠运气才打了胜仗吗？难道你们以为我总是在等待什么机会吗？我不靠什么运气！我也从不等待机会！我所要做的是，为自己制造出打胜仗的机会。"

成功总是垂青那些有准备的人。古往今来，有许多成功人士并不注意机会在哪一刻来临，而是抓紧所有时间，让生命的力量发挥到极致，从而在最适合自己的位置上，牢牢地立直身子。如果做到了这一点，那么色彩斑斓的机会就会来到你的面前。

微软总裁比尔·盖茨曾教导自己的员工："只要你善于观察，你的周围到处都存在机会；只要你善于倾听，你总会听到那些渴求帮助的人越来越弱的呼声；只要你有一颗仁爱之心，你就不会仅仅为了私人利益而工作；只要你肯伸出自己的手，永远都会有高尚的事业等待你去开创。"

比尔·盖茨之所以能开创辉煌的事业，是因为他总是能够全力以赴并以他独特的眼光捉住身边转瞬即逝的机会。生活中许多人常常会舍近求远，到远处去寻找自己身边就有的东西。

而机遇往往就在你的脚下，准确地讲，是在你的眼里、手里。我们先来看这样一个故事。

一位船长讲述道："天正渐渐地黑下来。海上风很大，海浪滔天，一浪比一浪高。有一天晚上我们碰到了不幸的'中美洲'号，我给那艘破旧的汽船发了个信号打招呼，问他们需不需要帮忙。'情况正变得越来越糟糕。''中美洲'的亨顿船长朝着我喊道。'那你要不要把所有的乘客先转移到我船上来呢？'我大声地问他。'现在不要紧，你明天早上再来帮我好不好？'他回答道。'好吧，我尽力而为，试一试吧。可是你现在先把乘客转到我船上不更好吗？'我问他。'你还是明天早上再来帮我吧。'他依旧坚持道。我曾经试图向他靠近，但是，你知道，那时是在晚上，夜又黑，浪又大，我怎么也无法固定自己的位置。后来我就再也没有见到过'中美洲'号。就在他与我对话后的一个半小时，他的船连同船上那些鲜活的生命就永远地沉入了海底。船长和他的船员以及大部分的乘客在海洋的深处为自己找到了最安静的坟墓。"亨顿船长曾经离他咫尺却忽略了的机遇，然而，在他面对死神的最后时刻，他那深深的自责又有什么用呢？他的盲目乐观与优柔寡断使许多乘客成为牺牲品！

其实，在我们的生活当中，又有多少像亨顿船长这样的人，只有在失去之后，才幡然悔悟，认同了那句古老的格言"机不可失，时不再来"。然而，这时一切已经太迟了。所罗门王在几千年前说："你见过工作勤奋的人吗？他应该与国王平起平坐。"孜孜不倦的富兰克林用他的一生对这句话作了最好的诠释，他曾经有机会与五位国王平起平坐，与两位国王共进晚餐。那些善于利用机会的人在发现机会与把握机会的时候如同撒下了种子，终有一天，这些种子会生根、发芽、结果，这样给他们自己或是别人带来更多的机会。每一位一步一个脚印、踏踏实实工作的人其实正在离机会与幸福越来越近，可以选择的道路也会越来越宽，越来越平坦。其实这些道路向所有的人都是敞开的，无论是头脑清晰、生活节俭、年富力强的科学家，还是温文尔雅的学者；无论是谨慎细致的公务员，还是兢兢业业的公司职员。机会的存在形式都是一样的，当然成功的机会是无限的。在每一个行业中，都有无数的机会足以去发明产品、改善制造和管理的过程，甚至去提供比竞争对手更优越的服务。但是，每个机会都是稍纵即逝的，除非有人抓住它，并善加利用。每当面对困难时，不妨停下来问问自己："这个困难之下，可能藏有什么机会呢？"当你发现了机会，你就超越你的对手了。常常有人终其一生在等待一个完美的机会自动送上门，这样他们便可以拥有光荣的时刻。直到他们了解，每一个机会都属于那些主动找寻的人，才后悔不该坐等机会的到来。如果你对你的未来有具体的计划，那么，别再犹豫了！别蹉跎空候，也别期望成功会自然到来，当你确定自己所要的是什么，全力以赴地去争取，只有这样你才能有成功的希望。只有不负责任的人才总是抱怨自己没有机会，没有时间；而那些永远在孜孜不倦地工作着、努力着的人能够从琐碎的小事中找到机会，并紧紧抓住细小的机会去利用它们完成自己的计划。

每个人的体内都包含了诚实的品质、热切的愿望和坚韧的品格，这些都让人们有成就自己的可能；人们的前方还有无数伟人的足迹在引导着、激励着他们不断前行。而且，每一个新的时刻都给人们带来许多未知的机遇。一个聪明的人，只要把握住这些"未知的机遇"，就能够为人生目标进行拼搏，赢得人生。

那些成功者不会等待机会的到来，而是寻找并抓住机会，把握机会，征服机会，让机会成为服务于他的奴仆。换句话说，任何机会都可以是他们手中的"金钥匙"。

尽快走出自己的错误

一个人做错了一件事，最好的处理办法就是老老实实认错，然后尽快走出错误的阴影，而不要去为自己作无谓的辩护。这是做人的美德，也是为人处世的学问。

画家弗迪南德·沃伦采用了一个方法使买他画的人由愤怒、埋怨变得宽容大度。"画广告画和为出版社画画要准确、认真，这一点很重要，"费迪南德在卡耐基训练课堂上回忆自己的经历时这样说，"有些编辑要你按他的意图马上创作一幅画，这难免会使你的作品出错。与我共事的一位编辑喜欢吹毛求疵，每当他这样做时，我就离开他的办公室躲出去，这倒不是因为对他提出的批评不满，而是对他这种态度和方法感到气愤。前不久，他要我在短时间内给他创作一幅画，我抓紧时间画好了。他打电话把我请去。我一进他办公室发现他对我怀有敌意，这是我意料之中的事。他让我谈谈为什么这样画，而不那样画。于是我就用学到的方法作了自我批评。我说：'先生，如果这幅画确实像您所说的我画错了，我没有理由为自己辩护，我承认错误。我长期应约为您作画，发生错误是不应该的，我很内疚。'

"他立即改口为我开脱：'您说得对，但这不是什么严重错误，只是……'

"我打断了他的话：'任何错误都要付出代价的，犯错误自然会惹人生气。'他又想说什么，但我没让他说。我有生以来第一次批评自己，但我对此满意。

"'我再仔细些就好了，'我说，'您长期约我作画，有权要求我把画画好。我重新画一幅。'

"'不，不，'他反对我这样做，'我没有那个意思。'他把我的作品夸赞了一番，表示只是想让我对其做些修改，我的失误对出版社的声誉不会有什么影响，劝我不必为此担心。我的自我批评使他无法再同我争吵。最后他请我一起用早餐，临分手前他给了我一张支票，并约我再为他作一幅画。"

如果你觉察到他人认为你有不妥之处，或是想指出你的不妥之处，你自己就要首先讲出来，使他无法同你争辩。你要相信，他会宽宏大度，不计较你的过错，能原谅你，就像那位编辑待沃伦一样。

只有愚蠢的人才会试图为自己的错误辩护，而实际上大部分人却都是这样做的。主动走出自己的错误，会使你比不承认错误的人高明得多。

犯了错误，不肯承认自己的错误，反而找借口为自己开脱、辩解，归根结底是人性的弱点在作怪。

凡事留有余地

给他人留条退路，给缺憾留点空间，实际上都是给自己留有余地。

一家百货公司的一位顾客，要求退回一件外衣。她已经把衣服带回家并且穿过了，只是她丈夫不喜欢。她解释说"绝没穿过"，并要求退换。

售货员检查了外衣，发现有明显干洗过的痕迹。但是，直截了当地向顾客说明这一点，顾客是绝不会轻易承认的，因为她已经说过她没穿过，而且精心地伪装过。这样，双方可能会发生争执。于是，机敏的售货员说："我很想知道是否你们家的某位成员把这件衣服错送到干洗店去。我记得不久前我也发生过一件同样的事情。我把一件刚买的衣服和其他衣服堆在一起，结果我丈夫没注意，把那件新衣服和一大堆脏衣服一股脑儿塞进了洗衣机。我怀疑你是否也遇到这种事情——因为这件衣服的确看得出已经被洗过的痕迹。不信的话，你可以跟其他衣服比一比。"

顾客看了看证据——知道无可辩驳，而售货员又已经为她的错误准备好了借口，给了她一个台阶下。于是，她顺水推舟，乖乖地收起衣服走了。

故事中的售货员之所以能顺利解决这起小事件，避免起纷争，关键之处就在于她事先替那名顾客找好了借口，留足了余地。给他人留有余地，给缺憾留有余地，实际上都是给自己留有余地。

俗话说："人活脸，树活皮。"此话道出了人性的一大特点：爱面子。可是我们不能只爱自己的面子，而忘记了他人的面子。每个人都有一道最后的心理防线，一旦我们不给他人退路，不让他人走下台阶，他只好使出最后的一招——自卫。

因此，当我们遇事待人时，应谨记一条原则：给别人留点余地。

一句或两句体谅的话，对他人宽容一点，这些都可以减少对别人的伤害，保全他的面子，给他留点余地。

多年以前，通用电气公司面临一项需要慎重处理的工作：免除查尔斯·史坦恩梅兹某一部门的主管之职。史坦恩梅兹在电器方面是第一等的天才，但担任计算部门主管却彻底失败。然而公司不敢冒犯他。公司绝对解雇不了他——而他又十分敏感，于是他们让他担任"通用电气公司顾问工程师"——工作还是和以前一样，只是换了一个头衔——并让其他人担任部门主管。

史坦恩梅兹十分高兴。通用公司的高级职员也很高兴。他们已平稳地调动了他们这位最暴躁的大牌明星职员，而且他们这样做并没有引起一场大风暴——因为他们让他保全了面子。

让他人保全面子，这是十分重要的，而我们却很少有人想到这一点！我们残酷地抹杀了他人的感情，又自以为是。我们在其他人面前批评一位小孩或员工，找差错，发出威胁，甚至不去考虑是否伤害到别人的自尊。然而，一两分钟的思考、一两句体谅的话，对他人的态度作宽容的谅解，都可以减少对别人的伤害。

解雇员工或惩戒他人的时候，不要忘了这一点。

宾州的佛雷德·克拉克谈到了发生在他们公司的一段插曲。

"有一次开生产会议的时候，副总裁提出了一个尖锐的问题，是有关生产过程的管理问题。由于他气势汹汹，矛头指向生产部总监，一副准备挑错的样子。为了不在同事中出丑，生产部总监对问题避而不答。这使副总裁更为恼火，直骂生产部总监是个骗子。

"再好的工作关系，都会因这样的火爆场面而毁坏。凭良心说，那位总监是个很好的雇员。

"但从那天开始，他再也不能留在公司里了。几个月后，他转到了另一家公司，据说表现很不错。"

安娜·玛桑也谈到相同的情形，但因处理方法不同，结果也不一样。玛桑小姐在一家食品包装公司当市场调查员，她刚接下第一份差事——为一项新产品做市场调查。她说道："当结果出来的时候，我几乎崩溃，由于计划工作的一系列错误，整个结果当然完全错误，必须从头再来。更糟的是，报告会议即将开始，我已经没有时间同老板商量这件事了。

"当他们要求我做报告的时候，我尽量使自己不致哭出来，免得又让大家嘲笑，我吓得发抖。因为过于情绪化了，我简短地说明了一下情形，并表示要改正过来，以便在下次会议时提出。坐下后，我等待老板大发雷霆。

"出人意料的是，他先感谢我工作勤奋，并表示新计划难免都会有错。他相信新的调查一定正确无误，会对公司有很大助益。他在众人面前肯定我，相信我已尽了力，并说我缺少的是经验，而非能力。

"我挺直胸膛离开会场，并下定决心不会有第二次这种情形发生。"

假如我们是对的，别人绝对是错的，我们也会因为让别人丢脸而毁了他的自尊。传奇性的法国飞行先锋和作家安托安娜·德·圣苏荷依写过："我没有权利去做或说任何事以贬抑一个人的自尊。重要的并不是我觉得他怎么样，而是他觉得他自己如何，伤害他人的自尊是一种罪行。"

1922 年，土耳其决定把希腊人逐出土耳其领土。

穆斯塔法·凯末尔对他的士兵发表了一篇拿破仑式的演说，他说："你们的目的地是地中海。"于是一场战争展开了。最后土耳其获胜。当希腊两位将领——的黎科皮斯和迪欧尼斯前往凯末尔总部投降时，土耳其人对他们击败的敌人加以辱骂。

但凯末尔丝毫没有显出胜利者的骄傲。

"请坐，两位先生，"他握住他们的手说，"你们一定走累了。"然后，在讨论了投降的细节之后，他安慰他们，他以军人对军人的口气说："战争这种东西，最佳的人有时也会打败仗。"

在一个人已经做出一定的许诺——宣布一种坚定的立场或观点后，由于自尊的缘故，便很难改变自己的立场或观点。此时你必须顾全他的面子，为对方铺台阶，如说一些有利对方的话。

"在那种情况下，任何人都想不到。"

"当然，我理解你为什么会这样想，因为当时你并不清楚事情的经过。"

"最初，我也这样想的，但后来我了解到全部情况，我就知道自己错了。"

每个人都要懂得给别人留点余地。

即使对方犯错，而我们是对的，如果没有给别人留点余地，就会毁了一个人。因此，你要帮助别人认识并改正错误，务必保全他们的面子，给别人留点余地。

想到不如做到

想象只能是空想，未来怎样要看你现在的行动，今天、现在、马上，开始行动。

如果只是空想，什么也不会得到。要想自己的想象成为现实，就得拿出一些真正的行动来，改善你的人生，改善你的生活质量。

席第先生，第二次世界大战之后不久，进入美国邮政局的海关工作。他很喜欢他的工作，但 5 年之后，他对于工作上的种种限制、固定呆板的上下班时间、微薄的薪水以及靠年资升迁的死板人事制度（这使他升迁的机会很小），越来越不满。

他突然灵机一动。他已经学到许多贸易商所应具备的专业知识，这是他在海关工作耳濡目染的结果。为什么不早一点儿跳出来，自己做礼品玩具的生意呢？他认识许多贸易商，他们对这一行许多细节的了解不见得比他多。

自从他想创业以来，已过了 10 年，直到今天他依然规规矩矩地在海关上班，依然对现实不满意，依然每天都在想着自己的玩具生意，但是，只是想着，10 年以来，他没有为自己的理想做过一件事，所以他仍在"想"，也仅是在"想"。

你的人生中有多少个 10 年，就在一眨眼中就不见了，你这辈子就在平平淡淡中浪费了你的生命，千万不要幻想，千万要下定决心，因为你的人生取决于你所做的决定。

面对繁重的工作和事业，有的时候你会心情紧张，担心自己做不好，总感觉没有信心。出现这些情绪和想法是正常的，因为你有自己希望达到的目标，紧张和担心正是伴随这个愿望出现的，这个愿望越强烈，你的紧张和担心就会越明显。如果将精力花费在消除紧张或为紧张和担心而苦恼的话，不仅浪费时间而且与愿望背道而驰。然而行动却由我们支配，况且唯有行动才有可能实现我们的目标。当你紧张时，担心没有希望时，只要将它看成仅仅是另外的一种情绪和想法而已，将精力投入到扎实的学习中，利用好每一分钟，做些实实在在的事情，比如一道习题、一个单词。想实现你的目标，紧张担心没有用，只有投入到每天的学习工作中，才有可能实现你的愿望。

青春追逐理想，信念是永恒的支撑，坎坷孕育美好的向往，磨难造就人生。

我们每个人都对明天怀有一片赤诚，也会为美好洒下努力和幸福的泪水，那么从现在开始，让我们去做吧，心动不如行动，让我们用平凡而坚定的脚步去打造对行动的忠诚！

你可曾听过关于西红柿的故事：原本在我们生活中常见的西红柿，当初并不是用来做食物的，它原产南美洲，当地人给它起了个可怕的名字——狼桃。长期以来，人们谈"狼桃"而色变，望之而生畏，到了 16 世纪，英国公爵俄罗达里去美洲旅游，回国时勇敢地摘了一颗"狼桃"作为礼品，带给他的情人伊丽莎白女王。从此，狼桃被欧洲人冠以"爱情的苹果"之称。18 世纪，法国有位画家在为西红柿写生时，见它芙蓉秀色，浆果艳丽，逗人喜爱，动了品尝西红柿的欲念，冒险吃了一颗，食后不但没有任何不适，反觉酸甜可口。从此，开创了西红柿食用之途。那么好吃的西红柿，现在家家户户都爱吃的蔬菜，真不能想象当初竟然被人们那么畏惧。如果不是当初有这位公爵与画家先生的勇敢，也许如今我们还不知道这么美味的一种食品呢！他们的勇敢，使人类的饭桌上多了一道好菜。

其实生活中好多东西都是需要尝试的，拓荒者首先要有足够的勇气和魄力，我们生活中的很多事物都是因为某些勇敢者的努力才拥有的。

正是因为一个又一个勇敢向未知挑战的人，我们才拥有了现在的文明！

任何一位伟人都是和我们一样普通和平凡的，他们之所以伟大就在于他们敢于探索的勇气。

要积极尝试新事物，就必须摒弃安于现状的观念，改变必将带来许多风险。你也许认为自己脆弱得经不起摔打，如果涉足一个陌生领域就会碰得头破血流，这是一种错误的观点。当你身处逆境时，你就知道你可以依靠自己战胜困难，这时你会发现消除生活中的一些单调的常规，倒会减少你精神崩溃、厌倦生活的可能。然而，如果你不断给自己的生活寻找一些未知的因素，你的生活就增添了许多调味剂，你也会变得更加充实、上进，而不会选择精神崩溃。上进需要勇敢。

你足够勇敢吗？那就吃第一个西红柿吧。

成功的路不是别人给你预备好的，而是自己走出来的。

自己走出来的成功路会与别人的"不一样"，世界因为"不一样"而精彩。因为有这些努力"不一样"的人而更精彩。

如果一个人没有趁着热情高昂的时候采取果断的行动，以后他就再也没有实现这些愿望的可能了。所有的希望都会消磨，都会淹没在日常生活的琐碎忙碌中，或者会在懒散消沉中流逝。

永远保持虚心

骄傲自负的人常常认为，世界上如果没有了他，人们就不知该怎么办了。但实际上，这样的人避免不了失败的命运，因为一骄傲，他们就会失去为人处事的准绳，结果总是在骄傲里毁灭了自己。

你有没有扬扬得意的时候？什么事使你骄傲？你见过自己骄傲时的样子吗？骄傲最后给了你什么，荣耀还是痛苦？你研究过其中的原因吗？

生活中，一个无法回避的事实是，每一个人的能力总是十分有限，没有一个人样样精通，所以，人人都可在某些方面成为我们的老师。当自以为拥有一些才艺时，你要记住，你还十分欠缺，而且会永远欠缺。不然，失败就离你不远了。

从前，有一位博士搭船过江。

在船上，他和船夫闲谈。

他问船夫说："你懂文学吗？"船夫回答说："不懂。"

博士又问："那么历史学、动物学、植物学呢？"

船夫仍然摇摇头。博士嘲讽地说："你样样都不懂，十足是个饭桶。"

不久，天色忽变，风浪大作，船即将翻覆，博士吓得面如土色。

船夫就问他："你会游泳吗?"博士回答说："不会，我样样都懂，就是不懂游泳。"

说着船就翻了，博士大呼救命。船夫一把将他抓住，救上岸，笑着对他说："你所懂的，我都不懂，你说我是饭桶；但你样样都懂，就不懂游泳；要不是我这个饭桶，恐怕你早已变成水桶了。"

据一位心理学家观察，骄傲的态度起源于"不知自己从哪里来"。人哪，飞，飞不过鸟；游，游不过鱼；跑，跑不赢豹；力，争不过熊……就一个"万物之灵"，以及莫名的"优越感"，骄傲的心态于是诞生。

看看我们的周围，骄傲的人一定觉得自己比别人优越，有些是凭"外貌身材"，有些是靠"才华"，有些是比"思想"，有些是比"物质"、比"财产"、比"势力"，总之，言行举止，就是己长人短。

在生活中我们经常会遇到这样一种人，他们总喜欢指出别人的缺点，说人家这做得不合适，那也做得不够，似乎他什么都行，对什么都可以说出一个大道理来。其实，这只是一种自满的表现，他们之所以摆出一副"万事通"的面孔来，就是怕被别人藐视，用这种习惯来显耀自己，以此来提高自己的地位，可是这样做的结果只会让人敬而远之，甚至遭人厌恶。

南隐是日本明治时代著名的禅师，有一天，一位学者特地来向南隐问禅，南隐以茶水招待，他将茶水注入这个访客的杯中，杯满之后他还继续注入，这位学者眼睁睁地看着茶水不停地溢出杯外，直到再也不能沉默下去了，终于说道："已经溢出来了，不要倒了。""你的心就像这只杯子一样，里面装满了你自己的看法和主张，你不先把你自己的杯子倒空，叫我如何对你说禅?"南隐意味深长地说。

南隐禅师教导的"把自己的杯子倒空"，不仅是佛学的禅义，更是人生的至理名言。一个人如果自满，觉得自己什么都会，就必然导致什么都装不下，什么都学不进去，就像茶水溢出来一样，再也不可能学习到更新更多的知识了。

每个人总是把自己看得很重要，但事实上，少了他，事情往往可以做得一样好。所以，自大历来的后果就是成事不足，败事有余。你要切记这样一个道理：自大是失败的前兆。

有一只刚做好的风筝，它的主人把它带到郊外，让它慢慢上升，升到极高的天空。

看着一望无际的天空，风筝心里十分兴奋。可是突然它发觉不能再往上升了，低头一看，原来是主人不再放手里的线。

风筝很生气，心里想："为什么要这样抓住我? 如果你再放松些，我可以飞得更高！"

于是，它挣扎着想往上再飞，当它在空中激烈地抖动时，由于用力过度，突然线断了，风筝在高空中摇摇摆摆，翻了一个大筋斗后就往地面坠落。这时，吹来一阵强风，风筝被吹到一棵大树上，此时已破得不成形了。

自大往往不是空穴来风，自大的人总有一些突出的地方作为资本。这些突出的特长，使他们较之别人有一种优越感。这种优越感到达一定程度，便使人目空一切，不知天高地厚。

一只乌龟常常羡慕老鹰可以在天空自由翱翔，于是，它要求老鹰带它一起飞上天。老鹰答应了它。

于是，老鹰要乌龟用嘴紧紧地咬住它的脚，而且不可开口说话，当它们飞到天空时，引起地上许多动物啧啧称奇，不但有羡慕的眼光，更有赞美的声音，乌龟听了很得意。

此时，它听见有人问："是谁这么聪明，想出这个好方法？"

此时，乌龟心花怒放，完全忘了老鹰的交代，迫不及待要告诉别人这是它想到的方法，刚要开口，便从空中摔了下来。

骄傲易失败，得意就容易忘形。骄傲让人常栽跟头。

《圣经》上说：骄傲在败坏之先，狂心在跌倒之前。历史人物当中，骄傲自大的为数不少，看着他们的事迹，对你一定有所启发。

关羽的忠勇刚强，在当时天下闻名。他屡建奇功，当世罕有能敌者。但是，"颇自负，好凌人"却是他致命的弱点。

刘备在益州时，马超从关中来降，关羽写信给诸葛亮，询问马超的才能。诸葛亮回信道："马孟起文武双全，雄烈过人，一代俊杰，是黥布、彭越一类的人物，可以和益德并驾齐驱，然而不及美髯公的超群绝伦。"关羽得到书信后很高兴，并把此信给宾客将吏们观看。

刘备称汉中王后，拜关羽为前将军，张飞为右将军，马超为左将军，黄忠为后将军，当时费诗受命将任命送往樊城前线，但关羽看不起黄忠，勃然大怒说："大丈夫决不与老兵同列。"再三不肯接受印绶。后来，因费诗极力劝说，关羽才接了前将军的印绶。

关羽之骄在襄樊之战初期达到了登峰造极的地步。

这一年，樊城地区一连下了十几天雨，汉水暴溢，将樊城团团围住，驻扎城外的曹军营屯尽被淹没。关羽乘战船猛攻曹军，将曹操派来助守樊城的大将于禁俘获，又擒杀曹军大将庞德。关羽除了猛烈围攻樊城之外，接着派兵围困襄阳。曹操所置荆州刺史、南厂太守，都投降了关羽；许都以南也纷纷响应，遂造成关羽"威震华夏"的声势，以致曹操也曾想将都城迁往黄河以北，以避关羽之兵锋。

关羽在这时本应加倍警觉，保持审时度势的清醒头脑。但他由于骄傲自负，不能很好地团结部众，而麻痹轻敌。而东吴大将吕蒙就针对他的这一弱点，设下了一套袭取荆州的计策。关羽先是被曹操大将徐晃战败；继而吕蒙渡江袭取江陵、公安，他的南郡太守糜芳和将军傅士仁，兵不血刃便投降了，以免受关羽所曾扬言的回师后的严惩。之后，由于蜀军刘封、孟达都拒绝救援他，关羽最终败走麦城，被吴军活捉杀身。

有一个成语叫"虚怀若谷"，意思是说，胸怀要像山谷一样深广。这是形容谦虚的一种很恰当的说法。只有空，你才能容得下东西，而自满，除了你自己之外，容不下任何东西。

俗话说："天外有天，人外有人。"保持一颗谦逊的心，更能时刻前进。

不被回忆所控制

靠怀念过去来逃避现实，确是一种无益的习惯，其结果往往是使人逃避成熟的思考，而进入一种虚无缥缈的幻想境界。

一个夏天的下午，在纽约的一家中国餐厅里，奥里森·科尔在等待着，他感到沮丧而消沉。由于他在工作中有几个地方出现错误，使他没有做成一项相当重要的项目。即使在等待见他一位最珍视的朋友时，也不能像平时一样感到快乐。

他的朋友终于从街那边走过来了，他是一名了不起的精神病医生。医生的诊所就在附近，科尔知道那天他刚刚和最后一名病人谈完了话。

"怎么样，年轻人，"医生不加寒暄就说，"什么事让你不痛快？"对他这种洞察心事的本领，科尔早就不意外了，因此他就直截了当地告诉他使自己烦恼的事情。然后，医生说："来吧，到我的诊所去。我要看看你的反应。"

医生从一个硬纸盒里拿出一卷录音带，塞进录音机里。"在这卷录音带上，"他说，"一共有3个来看我的人所说的话。当然没有必要说出来他们的名字。我要你注意听他们的话，看看你能不能挑出支配了这个三个案例的共同因素，只有4个字。"他微笑了一下。

在科尔听起来，录音带上这3个声音共有的特点是不快活。第一个是男人的声音，显示他遭到了某种生意上的损失或失败。第二个是女人的声音，说她因为照顾寡母的责任感，以至于一直没能结婚，她心酸地述说她错过了很多结婚的机会。第三个是一位母亲，因为她十几岁的儿子和警察有了冲突，而她一直在责备自己。

在3个声音中，科尔听到他们一共6次用到4个文字："如果，只要。"

"你一定大感惊奇。"医生说，"你知道我坐在这张椅子上，听到成千上万用这几个字作开头的内疚的话。他们不停地说，直到我要他们停下来。有的时候我会要他们听刚才你听的录音带，我对他们说：'如果，只要你不再说如果、只要，我们或许就能把问题解决掉！'医生伸伸他的腿。"用'如果，只要'这4个字的问题，"他说，"是因为这4个字不能改变既成的事实，却使我们面朝着错误的方面，向后退而不是向前进，并且只是浪费时间。最后，如果你用这4个字成了习惯，那这4个字就很可能变成阻碍你成功的真正障碍，成为你不再去努力的借口。"

"现在就拿你自己的例子来说吧。你的计划没有成功。为什么？因为你犯了一些错误。那有什么关系，每个人都犯错误，错误能让我们学到教训。但是在你告诉我你犯了错误，而为这个遗憾、为那个懊悔的时候，你并没有从这些错误中学到什么。"

"你怎么知道？"科尔带着一点儿辩护地说。

"因为，"医生说，"你没有脱离过去式，你没有一句话提到未来。从某些方面来说，你十分诚实，你内心里还以此为乐。我们每个人都有一点不太好的毛病，喜欢一再讨论过去的错误。因为不论怎么说，在叙述过去的灾难或挫折的时候，你还是主要角色，你还是整个事情的中心人……"

在医生的开导下，科尔终于意识到，自己沉浸在过去错误的阴影中，还没有真正走出自我，并用积极上进的态度去改变现在的处境。医生告诉科尔，他患上了严重的"怀旧病"，而采用"如果，只要"这类字眼是"怀旧"病的重要特征。

应该说，一个人适当怀旧是正常的，也是必要的，但是一味地沉湎于过去而否认现在和将来，就会陷入病态。

每个人都应当谨记：昨天就像使用过的支票，明天则像还没有发行的债券，只有今天是现金，可以马上使用。今天是我们轻易就可以拥有的财富，无度的挥霍和无端的错过，都是一种对生命的浪费。

这世上再也没有什么能比今天更真实了。

不要回避今天的真实与琐碎，走脚下的路，唱心底的歌，把头顶的阳光编织成五彩的云裳，遮挡风霜雨雪。每一个日子都向人们敞开胸怀，让花朵与微笑回归你疲惫的心灵，让欢乐成为今天的中心。如果有荆棘刺破你匆匆的脚步，那也是今天最真实的痛苦。

只有把持今天，才能让生命感知生活的无边快乐。

不轻言放弃

希拉斯·菲尔德先生退休的时候已经积攒了一大笔钱，然而他突发奇想，想在大西洋的海底铺设一条连接欧洲和美国的电缆。随后，他就开始全身心地推动这项事业。前期基础性的工作包括建造一条1000英里长、从纽约到纽芬兰圣约翰的电报线路。纽芬兰400英里长的电报线路要从人迹罕至的森林中穿过，所以，要完成这项工作不仅包括建一条电报线路，还包括建同样长的一条公路。此外，还包括穿越布雷顿角全岛共440英里长的线路，再加上铺设跨越圣劳伦斯海峡的电缆，整个工程十分浩大。

菲尔德使尽浑身解数，总算从英国政府那里得到了资助。然而，他的方案在议会上遭到了强烈的反对，在上院仅以一票的优势获得多数通过。随后，菲尔德的铺设工作就开始了。电缆一头搁在停泊于塞巴斯托波尔港的英国旗舰"阿伽门农"号上，另一头放在美国海军新造的豪华护卫舰"尼亚加拉"号上，不过，就在电缆铺设到5英里的时候，它突然被卷到了机器里面，被弄断了。

菲尔德不甘心，进行了第二次试验。在这次试验中，在铺到200英里长的时候，电流突然中断了，船上的人们在甲板上焦急地踱来踱去。就在菲尔德先生即将命令割断电缆、放弃这次试验时，电流突然又神奇地出现了，一如它神奇地消失一样。夜间，船以每小时4英里的速度缓缓航行，电缆的铺设也以每小时4英里的速度进行。这时，轮船突然发生了一次严重倾斜，制动器紧急制动，不巧又割断了电缆。

　　但菲尔德并不是一个容易放弃的人。他又订购了 700 英里的电缆，而且还聘请了一个专家，请他设计一台更好的机器，以完成这么长的铺设任务。后来，英美两国的科学家联手把机器赶制出来。最终，两艘军舰在大西洋上会合了，电缆也接上了头；随后，两艘船继续航行，一艘驶向爱尔兰，另一艘驶向纽芬兰，结果它们都把电线用完了。两船分开不到 3 英里，电缆又断开了；再次接上后，两船继续航行，到了相隔 8 英里的时候，电流又没有了。电缆第三次接上后，铺了 200 英里，在距离"阿伽门农"号 20 英尺处又断开了，两艘船最后不得不返回到爱尔兰海岸。

　　参与此事的很多人都泄了气，公众舆论也对此流露出怀疑的态度，投资者也对这一项目没有了信心，不愿再投资。这时候，如果不是菲尔德先生，如果不是他百折不挠的精神，不是他天才的说服力，这一项目很可能就此放弃。菲尔德继续为此日夜操劳，甚至到了废寝忘食的地步，他绝不甘心失败。

　　于是，第三次尝试又开始了，这次总算一切顺利，全部电缆铺设完毕，而没有任何中断，几条消息也通过这条漫长的海底电缆发送了出去，一切似乎就要大功告成了，但突然电流又中断了。

　　这时候，除了菲尔德和他的一两个朋友外，几乎没有人不感到绝望。但菲尔德仍然坚持不懈地努力，他最终又找到了投资人，开始了新的尝试。他们买来了质量更好的电缆，这次执行铺设任务的是"大东方"号，它缓缓驶向大洋，一路把电缆铺设下去。一切都很顺利，但最后在铺设横跨纽芬兰 600 英里电缆线路时，电缆突然又折断了，掉入了海底。他们打捞了几次，但都没有成功。于是，这项工作就耽搁了下来，而且一搁就是一年。

所有这一切困难都没有吓倒菲尔德。他又组建了一个新的公司，继续从事这项工作，而且制造出了一种性能远优于普通电缆的新型电缆。1866年7月13日，新的试验又开始了，并顺利接通、发出了第一份横跨大西洋的电报！电报内容是："7月27日。我们晚上9点到达目的地，一切顺利。感谢上帝！电缆都铺好了，运行完全正常。希拉斯·菲尔德。"不久以后，原先那条落入海底的电缆被打捞上来了，重新接上，一直连到纽芬兰。

菲尔德的成功证明了只要持之以恒，不轻言放弃，就会有意想不到的收获。

每天学一点儿东西

许多人最大的弱点就是想在顷刻之间成就丰功伟绩，这显然是不可能的。任何事情都是渐变的，只有持之以恒，只有坚持每天学一点儿东西，才能有助于一个人最后达到成功。

李嘉诚虽然年岁渐老，但依然精神矍铄，每天要到办公室中工作，从来不曾有半点懈怠。据李嘉诚身边的工作人员称，他对自己业务的每一项细节都非常熟悉，这和他几十年养成的良好的生活、工作习惯密切相关。

李嘉诚晚上睡觉前一定要看半小时的新书，了解前沿思想理论和科学技术，据他自己称，除了小说，文、史、哲、科技、经济方面的书他都读，每天都要学一点儿东西。这是他几十年保持下来的一个习惯。

他回忆说："年轻时我表面谦虚，其实内心很'骄傲'。为什么骄傲？因为当同事们去玩的时候，我在求学问，他们每天保持原状，而我自己的学问日渐增长，可以说是自己一生中最为重要的。现在仅有的一点儿学问，都是在父亲去世后，几年相对清闲的时间内每天都坚持学一点儿东西得来的。因为当时公司的事情比较少，其他同事都爱聚在一起打麻将，而我则是捧着一本《辞海》，一本老师用的课本自修起来。书看完了卖掉再买新书。每天都坚持学一点儿东西。"

李嘉诚能有今日成就，绝非偶然。李嘉诚靠着自己的勤奋努力在商场上纵横驰骋，终成其霸业，每天都坚持学一点儿东西，使他始终没有被快速发展的时代抛到后面，也使他有足够的智慧应对商场中的各种风险。

现实生活中有许多人，尽管他们的资质很好，却一生平庸，原因是他们不求进步，在工作中唯一能看到的就是薪水。

无论薪水多么微薄，你如果能时时注意去读一些书籍，去获取一些有价值的知识，这必将对你的事业有很大的助益。一些商店里的学徒和公司里的小职员，尽管薪水微薄，但他们工作很刻苦，尤其可贵的是，他们能趁着每天空闲的时候，如晚上和周末时间，到补习学校里去读书，或是自己买了书来自修，以增进他们的知识。

一个人的知识储备越多，才能越丰富，生活越充实。

有这样一个年轻人，他出门的时间比在家的时间还要多，有时乘火车，有时坐轮船，但无论到什么地方，他总是随身携带着一本书籍，以供随时阅读。一般人浪费的零碎时间，他都能用来自修、阅读。结果，他对于历史、文学、科学以及其他各国的重要学问，都有相当的见地，成了一个学识渊博的人，从而促成了自己一生的成功。但是，大多数人却在浪费自己的宝贵零碎时间，甚至在那些时间里去做对身心有害的事情。

自强不息、追求进步的精神，是一个人卓越超群的标志，更是一个人成功的征兆。

从一个人怎样利用他每天的零碎时间，怎样消磨他冬夜黄昏的时间上，就可以预言他的前途。一个人，只要能利用有限的零碎时间去读书，总会取得很大的成就，可恰恰相反，很多人却浪费了这些空闲时间，到头来等待他的肯定不会是成功。

人类历史上知识的价值之高，莫过于今天。今天的社会中，竞争非常激烈，生活更显艰难。这就更要求人们善于利用时间，来增进自己的知识。

大部分人无意多读书、多思考，无意在报纸、杂志、书本当中尽量汲取各种宝贵的知识，而是把宝贵的时间耗费在无谓的事情上，实在是一件最可惜、最痛心的事。他们不明白，知识是无价之宝，能使人们获得无限的财富。

不要忽视细节

日本东京贸易公司有一位专门负责为客商订票的小姐，她给德国一家公司的商务经理购买往来于东京、大阪之间的火车票。不久，这位经理发现了一件趣事：每次去大阪时，他的座位总是在列车右边的窗口；返回东京时又总是靠左边的窗口。经理问小姐其中缘故，小姐笑答："车去大阪时，富士山在你右边，返回东京时，山又出现在你的左边。我想，外国人都喜欢日本富士山的景色，所以我替你买了不同位置的车票。"就这么一桩不起眼的小事使这位德国经理深受感动，促使他把与这家公司的贸易额由 400 万马克提高到 1200 万马克。

在当今激烈竞争的商业社会中，公司规模日益扩大，员工更是成千上万，其分工也越来越细，其中能够从事大事决策的高层主管毕竟是少数，绝大多数员工从事的是简单烦琐的看似不起眼的小事，也正是这一份份平凡的工作和一件件不起眼的小事才构成了公司卓著的成绩。立大志，干大事，精神固然可嘉，但只有脚踏实地从小事做起，从点滴做起，心思细致，注意抓住细节，才能养成做大事所需的那种严密周到的作风。

老子曾说："天下难事，必做于易；天下大事，必做于细。"这句话精辟地指出了想成就一番事业，必须从简单的事情做起，从细微之处入手。相类似地，20世纪世界伟大的建筑师之一的密斯·凡·德罗，在被要求用一句话来描述他成功的原因时，他也是只说了一句话："魔鬼在细节。"他反复强调，如果对细节的把握不到位，无论你的建筑设计方案如何恢宏大气，都不能称之为成功的作品。可见对细节的作用和重要性的认识，古已有之，中外共见。也就是所谓"一树一菩提，一沙一世界"，生活的一切原本都是由细节构成的。如果一切归于有序，决定成败的必将是微若沙砾的细节，细节的竞争才是最终和最高的竞争层面。在今天，随着现代社会分工的越来越细和专业化程度的越来越高，一个要求精细化的管理和生活时代已经到来。

当零售业巨子沃尔玛的年营业总额荣登2002年美国乃至世界企业的第一把交椅时，《财富》杂志记者不无惊叹地写道："一个卖廉价衬衫和鱼竿的摊贩怎么会成为美国最有实力的公司呢?"其实，沃尔玛成功没有秘密，仅仅是因为注重了细节。沃尔玛曾经以天天平价著称，但今天人们发现其实它的东西也并不便宜多少，但它的服务却是一流的。例如，对于职员的微笑，沃尔玛规定，员工要对3米以内的顾客微笑，甚至还有个量化的标准："请对顾客露出你的八颗牙。"为提高服务，沃尔玛规定员工认真回答顾客的提问，永远不要说"不知道"。哪怕再忙，都要放下手中的工作，亲自带领顾客来到他们要找的商品前面，而不是指个大致方向就了事。正是注重了这些入微的小事、细节，才缔造了强大的沃尔玛帝国。

成大业若烹小鲜，做大事必重细节。想做大事的人很多，但愿意把小事做细的人很少。其实，我们不缺少雄韬伟略的战略家，而缺少的是精益求精的执行者；不缺少各类管理规章制度，缺少的是对规章条款不折不扣的执行。中国有句名言，"细微之处见精神"。细节，微小而细致，在市场竞争中它从来不会叱咤风云，也不像疯狂的促销策略，立竿见影地使销量飙升，但细节的竞争，却如春风化雨润物无声。今天，大刀阔斧的竞争往往并不能做大市场，而细节上的竞争却将永无止境。一点一滴的关爱、一丝一毫的服务，都将铸就用户对品牌的信念。这就是细节的美，细节的魅力。

每天自省 5 分钟

那个名叫"失败"的妈妈，其实不一定生得出名叫"成功"的孩子——除非她能先找到那位名为"反省"的爸爸。

有一个青年，有一天在街角的小店借用电话。他用一条手帕盖着电话筒，然后说："是王公馆吗？我是打电话来应征做园丁工作的，我有很丰富的经验，相信一定可以胜任。"电话的接线生说："先生，恐怕你弄错了，我家主人对现在聘用的园丁非常满意，主人说园丁是一位尽责、热心和勤奋的人，所以我们这儿并没有园丁的空缺。"

青年听罢便有礼貌地说："对不起，可能是我弄错了。"跟着便挂了电话。小店的老板听了青年人的话，便说："青年人，你想找园丁工作吗？我的亲戚正要请人，你有兴趣吗？"

青年人说："多谢你的好意，其实我就是王公馆的园丁。我刚才打的电话是用以自我检查，确定自己的表现是否合乎主人的标准而已。"

在生活中，不断作自我反省，才可以令自己立于不败之地。

自省是拯救我们的第一步。

自省就是反省自己，这是只有人类才能办到的事。

一般地说，自省心强的人都非常了解自己的优劣，因为他时时都在仔细检视自己。这种检视也叫作"自我观照"，其实质也就是跳出自己的身体之外，从外面重新观看审察自己的所作所为是否为最佳的选择。这样做就可以真切地了解自己了，但审视自己时必须是坦率无私的。

能够时时审视自己的人一般都很少犯错，因为他们会时时考虑：我到底有多少力量？我能干多少事？我该干什么？我的缺点在哪里？为什么失败了或成功了？这样做就能轻而易举地找出自己的优点和缺点，为以后的行动打下基础。

培养自省意识，首先，得抛弃那种"只知责人，不知责己"的劣根性。当面对问题时，人们总是说：

"这不是我的错。"

"我不是故意的。"

"没有人不让我这样做。"

"这不是我干的。"

"本来不会这样的，都怪……"

这些话是什么意思呢？

"这不是我的错"是一种全盘否认。否认是人们在逃避责任时的常用手段。当人们乞求宽恕时，这种精心编造的借口经常会脱口而出。

"我不是故意的"则是一种请求宽恕的说法。通过表白自己并无恶意而推卸掉部分责任。

"没有人不让我这样做"表明此人想借装傻蒙混过关。

"这不是我干的"是最直接的否认。

"本来不会这样的，都怪……"是凭借扩大责任范围推卸自身责任。

找借口逃避责任的人往往都能侥幸逃脱。他们因逃避或拖延了自身错误的社会后果而自鸣得意，却从来不反省自己在错误的形成中起到了什么作用。

为了免受谴责，有些人甚至会选择欺骗手段，尤其是当他们是明知故犯的时候。这就是所谓"罪与罚两面性理论"的中心内容，而这个论断又揭示了这一理论的另一方面。当你明知故犯一个错误时，除了编造一个敷衍他人的借口之外，有时你会给自己找出另外一个理由。

其次，培养自省意识，就得养成自我反省的习惯。我们每天早晨起床后，一直到晚上上床睡觉前，不知道要照多少次镜子，这个照镜子的行为，就是一种自我检查，只不过是一种对外表的自我检查。相比之下，对本身内在的思想做自我检查，要比对外表的自我检查重要得多。可是，我们不妨问问自己：你每天能做多少次这样的自我检查呢？我们不妨设想一下，如果某一天我们没有照镜子，那会是一种什么结果呢？也许，脸上的污点没有洗掉；也许，衣服的领子出了毛病……总之，问题都没有发现就出了门。可是，我们如果不对内在的思想做自我检查，那么，我们就可能是出言不逊也不知道，举止不雅也不知道，心术不正也不知道……那是多么的可怕！我们不妨养成这样一个习惯——就是每当夜里刚躺到床上的时候，都要想一想自己今天的所作所为，有什么不妥当的地方；每当出了问题的时候，首先从自己这个角度做一下检查，看看有什么不对；而且，还要经常地对自己做深层次、远距离的自我反省。

最后，培养自省意识，就得有自知之明。就像最有可能设计好一个人的就是他自己，而不是别人一样，最有可能完全了解一个人的就是他自己，而不是别人。但是，正确地认识自己，实在是一件不容易的事情。不然，古人怎么会有"人贵有自知之明""好说己长便是短，自知己短便是长"之类的古训呢？自知之明，不仅是一种高尚的品德，而且是一种高深的智慧。因此，你即便能做到严于责己，即便能养成自省的习惯，但并不等于说能把自己看得清楚。就以对自己的评价来说，如果把自己估计得过高了，就会自大，看不到自己的短处；把自己估计得过低了，就会自卑，自己对自己缺乏信心；只有估准了，才算是有自知之明。很多人经常是处于一种既自大又自卑的矛盾状态。一方面，自我感觉良好，看不到自己的缺点；另一方面，却又在应该展现自己的时候畏缩不前。对自己的评价都如此之难，如果要反省自己的某一个观念、某一种理论，那就更难了。

Part 02
让你正确思考的习惯

变通地运用方法解决问题

在善于变通地运用方法解决问题的人的世界里，不存在困难这样的字眼。再顽固的荆棘，也会被他们用变通的方法拔根而起。他们相信，凡事必有方法可以解决，而且能够解决得很完美。事实也一再证明，看似极其困难的事情，只要变通地运用方法，必定会有所突破。

《围炉夜话》中说："为人循矩度，而不见精神，则登场之傀儡也；做事守章程，而不知权变，则依样之葫芦也。"一个卓越的人必是善于变通地运用方法解决问题的人。当他发现一条路不通或太拥挤时，就会及时转换思路，改变方法，寻求一条更为通畅的路。

一流之人善于变通，末流之人故步自封。凡能变通地运用方法解决问题的人，都是能够主动创新的人，也是最受欢迎的人。凡世间取得卓越成就之人无不深知变通之理，无不熟谙变通之术。

刘继明曾是一家能源公司的业务员。当时公司最大的问题是如何讨账。公司的产品不错，销路也不错，但产品销出去后，总是无法及时收到货款。

有一位客户，买了公司30万元产品，但总是以各种理由迟迟不肯付款，公司派了三批人去讨账都没能拿到货款。当时刘继明刚到公司上班不久，就和一位同事一起被派去讨账。他们想尽了各种方法，最后，终于在3天之后，收到了那笔30万元的现金支票。

他们拿着支票到银行取钱，希望能够立刻换得现款，结果却被告知，账上只有299900元。很明显，这是那个客户故意刁难他们的小动作，给的是一张无法兑现的支票。第二天就要放年假了，如果不及时拿到钱，不知又要拖到什么时候。

遇到这种情况，小张当下就想冲回客户公司大吵一架，但是刘继明为人聪明，他突然灵机一动，主动拿出100元钱，让小张存到客户公司的账户里去。这一来，账户里就有了30万元，他立即将支票兑了现。

当他带着这30万元回到公司后，董事长对他大加赞赏。之后，他在公司不断发展，3年之后当上了公司的副总经理，后来又当上了总经理。

显然，在这个故事中，因为刘继明的智慧，一个看似难以解决的问题迎刃而解了，因为他总是变通地运用方法解决问题，才得以获得不凡的业绩，并得到公司的重用。

随着社会的发展，变通地运用方法解决问题越来越显得重要，也越来越被人们所认识。只有善于变通、勤于寻找方法的人在社会上才具有更大的价值，才是社会最需要的人。

问题在发展，方法要更新

方法是需要不断更新的，对于同样的问题，随着时代和科技的进步，我们采用的解决方法也越来越科学。今天是最佳的方法，并不代表永远是最佳的方法，我们必须树立一种与时俱进的态度，不断学习，不断更新，永远追求更好的方法。

时代在前进，人们所掌握的知识越来越多，许多过去我们无法给出答案或是给出了错误答案的一系列问题，在今天都已不再是难题。既然问题在不断变化，人们掌握的东西也在不断发展，那方法也必定是在不断更新的。

1928 年的暑假，天气格外闷热，英国伦敦赖特研究中心的弗莱明医生心情异常烦躁，他胡乱放下手中的实验，准备去郊外避暑。实验台上的器皿杂乱无章地放着，这在一向细心的弗莱明 20 多年的科研生涯中还是第一次。

9 月初，天气渐凉。弗莱明回到了实验室。一进门，他习惯性地来到工作台前，看看那些盛有培养液的培养皿。望着已经发霉长毛的培养皿，他后悔在度假前没把它们收拾好，但是一只长了一团团青绿色霉花的培养皿却引起了弗莱明的注意，他觉得这只被污染了的培养皿有些不同寻常。

他走到窗前，对着亮光，发现了一个奇特的现象：在霉花的周围出现了一圈空白，原先生长旺盛的葡萄球菌不见了。会不会是这些葡萄球菌被某种霉菌杀死了呢？弗莱明抑制住内心的惊喜，急忙把这只培养皿放到显微镜下观察，发现霉花周围的葡萄球菌果然全部死掉了！

于是，弗莱明特地将这些青绿色的霉菌培养了许多，然后把过滤过的培养液滴到葡萄球菌中去。奇迹出现了：几小时内，葡萄球菌全部死亡！他又把培养液稀释 10 倍、100 倍……直至 800 倍，逐一滴到葡萄球菌中，观察它们的杀菌效果，结果表明，它们均能将葡萄球菌全部杀死。

进一步的动物实验表明，这种霉菌对细菌有相当大的毒性，而对白细胞却没有丝毫影响，就是说它对动物是无害的。

一天，弗莱明的妻子因手被玻璃划伤而开始化脓，肿痛得很厉害——这无疑是感染了细菌。弗莱明看着妻子红肿的手背，取来一根玻璃棒，蘸了些实验用的霉菌培养液。第二天，妻子兴奋地跑来告诉弗莱明："亲爱的，您的药真灵！瞧，我的手背好了。您用的是什么灵丹妙药啊？"望着妻子消尽了红肿的手背，弗莱明高兴地说："我给它命名为盘尼西林（青霉素）！"

现实中，每天都会产生出许多新问题，也会发现许多新方法。在青霉素发明之前，人们遇到细菌感染问题采用的是另一类方法，而在青霉素被发现之后，细菌感染的问题有了新的也是更有效的解决方法。

再举一个简单的例子。大家在电视剧里看到古代常用一种"滴血认亲"的方式来判断两者的亲属关系。我们姑且不论这个方法是否科学，但随着科技的日新月异，要解决这个问题，已经不再采用古老的方法，而改用全新的科学技术，进行 DNA 对比。它们解决的是同一个问题，却是用了不同的方法。由于古代科学技术的限制，我们不可能要求他们能运用当今的科技。同样，因为新技术的诞生，旧的方法也被新技术所取代。

"此路不通"就换方法

是的，世上没有打不开的门，也没有走不通的路。只不过开门的钥匙不是原来那一把，里面另有机关；走路的方式也不能按原先那一种，在陆地上不能行舟。总之，按老方法找不到出路时，就要另寻新路。

当你驾车驶在路上，眼看就要到达目的地了，这时车前突然出现一块警示牌，上书4个大字："此路不通！"这时你会怎么办？

有人选择仍走这条路过去，大有不撞南墙不回头之势。结果可想而知，已言明"此路不通"，那个人只能在碰了钉子后灰溜溜地调转车头返回。这种人在工作中常常因"一根筋"思想而多次碰壁，空耗了时间和精力，却无法将工作效率提高一丁点儿，结果做了许多无用功。

有人选择停车观望，不再向前走，因为"此路不通"，却也不调头，或者是认为自己已经走了这么远，再回头心有不甘且尚存侥幸心理，若我走了此路又通了岂不亏了；或者是想如果回头了其他的路也不通怎么办？结果停车良久也未能前进一步。这种人在工作中常常会因懦弱和优柔寡断而丧失机会，业绩没有进展不说，还会留下无尽的遗憾。

还有另一类人，他们会毫不犹豫地调转车头，去寻找另外一条路。也许会再次碰壁，但他们仍会不断地进行尝试，直到找到那条可以到达目的地的路。这种人是工作中真正的勇者与智者，他们懂得变通，直到寻找到解决问题的办法，并且往往能够取得不错的业绩。

"此路不通"就换条路，"此法不行"就换方法，应该成为每一个人的生活理念。

A地由于一些工厂排放污水，使很多河流污染严重，以至于下游居民的正常生活受到了威胁，环保部门每天都要接待数十位满腹牢骚的居民，于是联合有关当局决定寻找解决问题的办法。

他们考虑对排污工厂进行罚款，但罚款之后污水仍会排到河流中，不能从根本上解决问题。这条路，行不通。

有人建议立法强令排污工厂在厂内设置污水处理设备。本以为问题可以得到彻底解决，但在法令颁布之后发现污水仍不断地排到河流中。而且，有些工厂为了掩人耳目，对排污管道乔装打扮，从外面不能看到破绽，可污水却一刻不停地在流。这条路，仍行不通。

之后，当地有关部门立刻转变方法，采用著名思维学家德·波诺提出的设想：立一项法律——工厂的水源输入口，必须建立在它自身污水输出口的下游。

看起来是个匪夷所思的想法，经事实证明却是个好方法。它能够有效地促使工厂进行自律：假如自己排出的是污水，输入的也将是污水，这样一来，能不采取措施净化输出的污水吗？

"此路不通就换方法"，正是遵循了这个信条，才最终找到了解决问题的办法。

一个真正卓越的人，必是一个注重寻找方法的人。当他发现一条路不通或太拥挤时，就能够及时转换思路，改变方法，寻找一条更为通畅的路。

遇事别钻"牛角尖"

一旦被现成的所谓经验或权威所左右，你可能就会使自己的逻辑推理进入一个可笑的误区，并陷入其中无法自拔。由此，在你的头脑中，自然就不会有新的思路、新的观点出现，甚至可笑到不允许有新的思维方式出现。

生活中，常有一些人顽固不化，不知变通，做事一根筋，容易钻"牛角尖"。许多本来可以解决的问题，也会被他看作无法做到、难以解决的问题。

高效能的成功者从不迷信以往的经验、传统和权威，也从不迷信自己。他们只会用开放的胸怀接纳事物，用多变的思维解决问题！

A鞋厂的老板派两名销售员到非洲考察新鞋销售的市场潜力，两人回国后先后向老板报告。销售员甲兴味索然地说："非洲人不穿鞋子，因此市场没有开发的价值，我们不必去了。"

销售员乙则兴致勃勃地指出："非洲大多数的人都还没有鞋子，因此这个市场潜力无穷，应赶快进行开发，先抢得商机。"结果销售员乙受到重用，销售员甲不久后被辞退。

为了职业发展与促进生活品质，人人都应充实自己、扩大视野，于日常生活中培养健康、合理与贴切的思考模式，作为行动的指导原则。

换一种思维方式，把问题倒过来思考，不但能使你在做事情时找到峰回路转的契机，也能使你找到生活上的快乐。

有一位老妇人，她有两个女儿。大女儿嫁给一个浆布的人为妻，小女儿嫁给了一个修伞的人，两家过得都不错。看着两个女儿丰衣足食的生活，老妇人原本应该高兴才对，可是她却每日都很痛苦，因为每当天气晴朗的时候，老妇人就为小女儿家的生意担忧：晴天有谁会去她那里修理雨伞呢？而到了阴天的时候，她又开始为大女儿担心了，天气阴湿或者下雨，就不会有人去她那里浆布啊。就这样，无论是刮风下雨天，还是晴朗的天气，她都在发愁，人眼见着瘦了下去。

一天，村里来了个智者，当他听老妇人讲完自己的痛苦时，微笑着对老妇人说："你为什么不倒过来看？晴天时，你的大女儿家浆布生意一定好；而下雨的时候，小女儿家修伞的生意就会好。这样，无论是什么样的天气，你都有一个女儿在赚钱啊！"老妇人听完之后，心情顿时豁然开朗起来。

要想成为一名杰出的成功人士，你就不能总是"一根筋"，死钻"牛角尖"，而是要勇敢地展开你思想的双翼，向左、向右、向上、向下，不断地飞翔，总有一个绝佳的方法在某个角落等待你去发现。只要你善于思考，懂得创新，敢于打破规则，就一定能突破一切瓶颈，从而走向成功。

冷静才会想出好办法

在生活中，我们总会面临一个个困难或问题的考验，但那只不过是暂时的，只要我们保持冷静，努力寻找方法并理智地面对困难，就一定能走出黑暗，迎接新的曙光。

每个人都会在生活和工作中遇到各式各样的困难，只有在困境中保持冷静，有一个清醒的头脑才能赢得寻找方法的机会。下面这个故事就证明了这一点。

故事发生在印度。一对官员夫妇在家中举办了一次丰盛的宴会。地点设在他们宽敞的餐厅里，那儿铺着明亮的大理石地板，房顶吊着不加任何修饰的椽子，出口处是一扇通向走廊的玻璃门。客人中有当地的陆军军官、政府官员及其夫人，另外还有一名英国生物学家。

宴会中，一位年轻女士同一位上校进行了热烈的讨论。这位女士的观点是如今的妇女已经有所进步，不再像以前那样，一见到老鼠就从椅子上跳起来。可上校却认为妇女们没有什么改变，他说："不论碰到什么危险，妇女们总是一声尖叫，然后惊慌失措。而男人们碰到相同情形时，虽也有类似的感觉，但他们却多了一点儿勇气，能够适时地控制自己，冷静对待。可见，男人的勇气是最重要的。"

那位生物学家没有加入这次辩论，他默默地坐在一旁，仔细观察着在座的每一位。这时，他发现女主人露出奇怪的表情，两眼直视前方，显得十分紧张。很快，她招手叫来身后的一位男仆，对其进行一番耳语。仆人惊恐万分，他很快离开了房间。

除了生物学家，没有其他客人注意到这一细节，当然也就没有其他人看到那位仆人把一碗牛奶放在门外的走廊上。

生物学家突然一惊。在印度，地上放一碗牛奶只代表一个意思，即引诱一条蛇。这也就是说，这间房子里肯定有一条毒蛇。他首先抬头看屋顶，那里是毒蛇经常出没的地方，可那儿光秃秃的，什么也没有；再看饭厅的4个角，三个角落都空空如也，另一个角落也站满了仆人，正忙着端菜；现在只剩下最后一个地方他还没看，那就是餐桌下面。

生物学家的第一想法便是向后跳出去，同时警告其他人。但他转念一想，这样肯定会惊动桌下的毒蛇，而受惊的毒蛇最容易咬人。于是他一动不动，迅速地向大家说了一段话，语气十分严肃，以至于大家都安静下来。

"我想试一试在座诸位的控制力有多大。我从1数到400，这会花去6分钟，这段时间里，谁都不能动一下，否则就罚他60个卢比。预备，开始！"

生物学家不急不忙地数着数，餐桌上的20个人，全都像雕像似的一动不动。当数到388时，生物学家终于看见一条眼镜蛇向门外有牛奶的地方爬去。他飞快地跑过去，把通向走廊的门一下子关上。蛇被关在了外面，室内立即发出一片尖叫。

"上校，事实证明了你的观点。"男主人这时感叹道，"正是一个男人，刚才给我们做出了从容镇定的榜样。"

"且慢!"生物学家说,然后转身朝向女主人,"温兹女士,你是怎么发现屋里有条蛇的呢?"

女主人脸上露出一抹浅浅的微笑:"因为它从我的脚背上爬了过去。"

不敢想象,如果女主人和生物学家不能冷静地面对突如其来的危机,会出现什么样的后果。冷静,是一种良好的心理机制,为找到方法解决困难赢得了主动,我们每一个人都应该练就这种处变不惊的智慧。

横切苹果,会看到"星星"

创新的源泉,实质上就是突破思维定式,向新的方向多走一步。就像切苹果一样,如果不换种切法,你就永远不可能看到苹果里面美丽的"星星"。

切苹果一般总是以果蒂和果柄为点竖着落刀,一分为二。如果把它横放在桌上,然后拦腰切开,就会发现苹果里有一个颇似"星星"状的五角形图案。这不免让人感叹:吃了多年的苹果,我们却从来没有发现过苹果里面的"星星",而仅仅换一种切法,就发现了这一鲜为人知的秘密。

换一个思路处理问题,可能会看到完全不同的景象。也许正是一个不经意的角度转换,会让你在不经意间解决了问题,毕加索说:"每个孩子都是艺术家,问题在于你长大成人之后是否能够继续保持艺术家的灵性。"

有个摄影师发现,每次拍集体照时有睁眼的,也有闭眼的。闭眼的看见照片,非常生气:"我90%以上的时间都睁着眼,你为什么偏让我照一张无精打采的照片？这不是故意歪曲我的形象吗？"

就拍照而言，形象是头等大事，全靠修版也难，于是喊："1、2、3!"但坚持了半天以后，恰巧在"3"字上坚持不住了，上眼皮找下眼皮，又是作闭目状，真难办。

后来，摄影师换了一种思路，从而解决了这一难题。他请所有照相者全闭上眼，听他的口令，同样是喊"1、2、3"，在"3"字上一起睁眼，果然，照片冲洗出来一看，一个闭眼的也没有，全都显得神采奕奕，比本人平时更精神。众人见了都非常高兴。

当遭遇困境时，一个思路行不通，就要果断地换另一种思路，只有这样，新的创意才会自然而然地产生出来，化解困境的方法也才会随之出炉。

美国摩根财团的创始人摩根，原来并不富有，他和妻子靠卖蛋维持生计。但身高体壮的摩根卖蛋远不及瘦小的妻子。后来他终于弄明白了原委。原来他用手掌托着蛋叫卖时，由于手掌太大，人们眼睛的视觉误差害苦了摩根，他立即改变了卖蛋的方式：把蛋放在一个浅而小的托盘里，出售情况果然好转。但摩根并不因此满足，眼睛的视觉误差既然能影响销售，那经营的学问就更大了，从而激发了他对心理学、经营学、管理学等的研究和探讨，最终创建了摩根财团。

无独有偶，一商家从电视上看到博物馆中藏有一个明代流传下来的被称为"龙洗"的青铜盆，盆边有两耳，双手搓磨盆耳，盆中的水便能溅起一簇簇水珠，高达尺余，甚为绝妙。该商家突发奇想，何不仿制此盆，将之摆放在旅游景点或人流量多的地方，让游客自己搓磨，经营者收费，岂不是一条很好的财路？于是他们找专家进行分析研究，试制成功后投放于市场，效果出奇的好。博物馆中的青铜盆只具有观赏价值，而此商人却换了一种思路，将之仿制推向市场，最终取得了很好的经济效益。

一个人如果受到习惯思维的影响，得出来的判断往往大同小异。这种思维不能说不对，但如果长期这样思考问题，则会抑制人创新能力的发挥。

换一种思维，换一片天地

有的时候，我们可能无法改变生存的外在环境，但是我们可以转换自己的思维，适时改变一下思路，只要我们放弃盲目的执着，选择理智的改变，就有可能开辟出一条别样的成功之路。

"山重水复疑无路，柳暗花明又一村。"一扇门关上，另一扇门会打开。世界上没有死胡同，关键就看你如何去寻找出路。当你在工作中遭遇困境的时候，学着换一种眼光和思维看问题，相信你一定能够化逆境为顺境，化问题为机遇。

从前，有位秀才进京赶考，住在一个以前经常住的店里。这已经是他第五次进京赶考，所以对一切事情都小心翼翼。考试前他做了三个梦，第一个梦是梦到自己在屋顶上种南瓜；第二个梦是下雨天，他戴了斗笠还打伞；第三个梦是梦到跟心爱的未婚妻躺在一起，但是背靠着背。

这三个梦似乎有些深意，秀才第二天就赶紧去找算命的解梦。算命的一听，连拍大腿说："你还是回家吧！你想想，屋顶上种南瓜不是白费劲吗？戴斗笠打雨伞不是多此一举吗？跟未婚妻都脱光了躺在一张床上，却背靠背，不是没戏吗？"

秀才一听，心灰意冷，回店收拾包袱准备回家。店老板非常奇怪，问："不是明天才考试吗，今天你怎么就回乡了？"

秀才把算命先生的解梦说了一番，店老板乐了："哟，我也会解梦的。我倒觉得，你这次一定要留下来。你想想，屋顶上种南瓜不是高种吗？戴斗笠打雨伞不是说明你这次有备无患吗？跟你未婚妻背靠背躺在床上，不是说明你翻身的时候就要到了吗？"

秀才一听，觉得更有道理，于是精神振奋地去参加考试，居然中了榜眼。

换一种思维方式，能使你在做事情、遭遇困境时找到峰回路转的契机，同时赢得一片新的天地。

在一个家电公司的会议上，高层主管们正在为自己新推出的加湿器制定宣传方案。

在现有的家电市场上，加湿器的品牌已经多如牛毛，而且每一个厂家都挖空了心思来推销自己的产品。怎样才能在如此激烈的竞争中，将自己的加湿器成功地打入市场呢？所有的主管都为此一筹莫展。

这时，一个新上任的主管说道："我们一定要局限在家电市场吗？"所有的人都愣住了，静听他的下文："有一次，我在家里看见妻子做美容用喷雾器，于是就想，我们的加湿器为什么不可以定位在美容产品上呢……"

他还没有说完，总裁就一跃而起，说道："好主意！我们的加湿器就这样来推销！"

于是，在他们新推出的广告理念中，加湿器就被作为冬季最好的保湿美容用品。他们的口号是——加湿器：给皮肤喝点水。

新的加湿器一上市，就成功抢占了市场，当然，这和他们新颖的创意宣传是分不开的。

在家电市场竞争日益激烈的销售战中，几乎每一种品牌都在尽力地使人们记住他们的产品，在这种情况下，如果依然在家电圈子里打主意，意义就不大了。

重新为自己的产品定位，给自己的产品一个新的角度，该家电公司的这一全新的理念，为自己赢来了一个新的市场。这样的创新，不仅使消费者耳目一新，重新认识了加湿器，也使他们避开了激烈的家电市场竞争，成功地推销了自己的产品。

问题面前最需要改变的是你自己

环境的变化，虽然对一个人的命运有直接影响，但是，任何一个环境，都有可供发展的机遇，紧紧抓住这些机遇，好好利用这些机遇，不断随环境的变化调整自己的观念，就有可能在社会竞争的舞台上开辟出一片新天地，站稳脚跟。

有一位年轻人是一家保险公司的推销员，虽然工作勤奋，但收入少得甚至租不起房子，每天还要看尽人们的脸色。一天，他来到一家寺庙向住持介绍投保的好处。老和尚很有耐心地听他把话讲完，然后平静地说："听完你的介绍之后，丝毫引不起我投保的意愿。人与人之间，像这样相对而坐的时候，一定要具备一种强烈吸引对方的魅力，如果你做不到这一点，将来就不会有什么前途可言。"

年轻人从寺庙里出来，一路上思索着老和尚的话，若有所悟。接下来，他组织了专门针对自己的"批评会"，请同事和客户吃饭，目的是让他们指出自己的缺点。

年轻人把他们指出的缺点一一记录下来。每一次"批评会"后，他都有被剥了一层皮的感觉。通过一次次的"批评会"，他把自己身上那一层又一层的劣根性一点点剥落掉。

从此，年轻人开始像一只成长的蚕，随着时光的流逝悄悄地蜕变着。到了 1939 年，他的销售业绩荣膺全日本之最，并从 1948 年起，连续 15 年保持全日本销售量第一的好成绩。1968 年，他成了美国百万圆桌会议的终身会员。

这个人就是被日本人誉为"练出价值百万美元笑容的小个子"、美国著名作家奥格·曼狄诺称之为"世界上最伟大的推销员"的推销大师原一平。

"我们这一代最伟大的发现是，人类可以由改变自己而改变命运。"原一平用自己的行动印证了这句话，那就是：有些时候，面对一些棘手的问题，应该迫切改变的或许不是环境，而是我们自己。换句话说就是：有些时候，我们不是找不到方法去解决问题，而是在问题面前，我们没有真正地付出努力。因此，我们在改变自己的同时，我们也就找到了解决问题的方法。

不能改变环境，就学着适应它

适应环境需要许多条件，但最重要的是你的信心与智慧，它们相辅相成、缺一不可，有了适应环境的决心和勇气，肯定能够想出解决问题的好方法。

人的生存离不开环境，环境一旦变化，我们必须随时调整自己的观念、思想、行动及目标以适应这种变化，这是生存的客观法则。

但是，有时环境的发展，与我们的事业目标、欲望、兴趣、爱好等发展是不合拍的，有时甚至会阻碍、限制我们欲望和能力的发展。在这个时候，如果我们有能力、有办法来适应环境，使之满足我们能力和欲望的发展需求，则是最难能可贵的。

毕业于某高校音乐学院的小李，被分配到一家国企的工会做宣传工作。刚开始时，他很苦恼，认为自己的专业与工作不对口，在这里长干下去，不但会耽误自己的前途，而且自己的才华也可能被荒废。于是，他四处活动，想调到一个适合自己发展的单位。可是，几经周折，终未成功。之后，他便死心塌地地待在这个工作岗位上，并发誓要改变"英雄无用武之地"的状况。他找到单位工会主席，提出了自己要为企业筹建乐队的计划。正好这个企业刚从低谷走出来，开始进入高速发展时期，自然也想大张旗鼓地宣传企业形象，提高产品的知名度，就欣然同意了他的计划。他来了精神，跑基层、寻人才、买器具、设舞台、办培训，不出半年，就使乐团初具规模。两年以后，这个企业乐团的演奏水平已成为全市一流，而且堪与专业乐团相媲美，而他自己也成了全市知名度较高的乐队经理。通过自己的努力，他完全改变了自己所处的环境，化劣势为优势，不但开辟出了自己施展才能的用武之地，而且培养了自己的管理才能，为他以后寻求更大的发展奠定了坚实的基础。

但现实生活中，有的人却不这样，他们改变不了环境，也不利用环境去努力寻找、创造新的机遇，而是怨天尤人、自暴自弃，把自己逼到了死角，一生难有作为。

其实，我们经常会身处一个陌生、被动的环境中，而环境本身往往又是不容易被改变的。这时正确的做法就是适应环境，在适应中改变自己、提升自己。

正如一句话所说："自己的命运掌握在自己手中。"当你无法改变身处的环境时，就应该以一种积极、向上的态度去适应它，在你付出勤奋、敬业后，便会发现成功已悄然来临。如果有一天你实现了自己的人生目的，你应该自豪地对自己说："我掌握了命运，这都是我适时调整自己的结果。"

顺应变化才能驾驭变化

司马徽对刘备说："腐儒俗士岂识时务，识时务者在乎俊杰。"什么是识时务呢？识时务即指认清事物的变化方向，了解问题的特征，就如同垂钓之人了解鱼的习性，湘菜馆老板了解湘菜的发展趋势一样。懂得这样做的人才是高明之人，才堪称俊杰。

一个人要想生存，要想成为强者，就必须跟随时代的步伐一起前进。也就是说，我们要想改变生存环境，必须首先顺应生存环境的发展变化。如果一个人想改变生存环境，却不能首先顺应环境的发展变化，那么，想改变环境的目的则是不可能达到的。

环境是一个极其复杂的人生大背景、大舞台。在这个大环境中，个人的命运与时代的脉搏、国家的兴衰、工作群体的变化息息相关。无论是国家形势的大变，还是工作环境的小变，都可能引起个人前途命运的变化，或是给个人的事业带来发展的机遇，或是限制阻碍了个人的前进道路。

社会环境作用于每个人身上，使人们的行为方式、思维方式及观念都受到其约束与规范。社会环境的变化随时都可能给我们提供不同的发展方向与空间。

有经验的猎人都知道，要得到一张上好的狼皮，你必须在冬天去猎狼。因为冬天狼的皮毛要比夏天的好得多。到了春天，狼会脱下自己厚厚的冬装，换上一身春装。这些，都是狼顺应环境变化的结果。

做一切事、解决一切问题，我们都必须随着客观情况的变化而不断地调整自己，不断地采取与之相适应的方法。

几年前，有两个人在上海各自开了一家湘菜馆。起初两家餐馆的生意都不错，但两位老板的思路和想法却迥然不同。一位老板总认为湘菜是多年流传下来的特色菜，绝不可以更改，一改便没了特色。因此，这家餐馆总是按部就班地经营着自己的老湘菜。另一位老板心眼儿活，他发现上海的餐饮业竞争逐渐激烈起来，喜欢老湘菜的人口味也在变化。于是，他便吸收粤菜和湘菜的一些特点推出了新派湘菜。这种菜肴既不失湘菜的特色，又满足了人们口味的变化，因此，生意越做越火，在上海很快就有了三家连锁店。而那一位固守老湘菜思路的老板虽然仍能维持经营，但几年来只是原地踏步，没有任何发展。

从这两位餐馆老板的故事，我们可以看出，后者之所以成功，就因为他能看清湘菜的发展趋势，顺应了这一趋势，改变了自己的思路和经营方式；而前者之所以没有发展，就在于他没有认识到人们口味的变化，没有去改变自己、顺应变化。

任何事情都不会按照我们的主观意志去发展、变化。我们要获得成功，就得首先去认识事物的性质和特点，然后再根据实际情况来调整、改变自己的思路和行为方式。只有如此，我们才能在顺应事物变化的同时，驾驭变化，走向成功。

不学盲从的毛毛虫

缺乏自信心，盲从他人，往往会给自己带来损失或伤害。要想在生活中、事业上有所成就，就必须善于用自己的头脑思考问题，想人之未想，见人之难见，为人之不能为，并坚信自己终究会达到目的，方能获得成功。

法国科学家约翰·法伯曾做过一个著名的实验，人们称之为"毛毛虫实验"。

法伯把若干只毛毛虫放在一只花盆的边缘上，使其首尾相接围成一圈，在花盆不远的地方，撒了一些毛毛虫喜欢吃的松叶，毛毛虫开始一只跟一只，绕着花盆，一圈又一圈地走。

一个小时过去了，一天过去了，毛毛虫还在不停地爬行，一连走了7天7夜，终因饥饿和筋疲力尽而死去。而这其中，只需任何一只毛毛虫稍微与众不同地改变其行走路线，就会轻而易举地吃到松叶。

毛毛虫不懂得变通，只会盲目地跟着前面的毛毛虫走，所以它们又叫游行毛毛虫，只会一只跟着一只转圈，而没有一只摆脱原来的路，去走一条新路，最后只能死去。

许多失败者就像毛毛虫一样，放弃主宰自己的命运，总是按别人的意愿过日子。这种"最大的失败者"的突出特点就是盲从，他们没有目标，他们就像一艘没有舵的船，永远漂流不定，只会到达失望、失败和丧气的海滩。

"永远不可能靠着盲目而成为世界第一名，想要成为世界第一名就得要立异、要创新。"宝马汽车公司总裁曾如此说。

当时，宝马公司发现，奔驰车设计得越来越高档，而且看起来很气派、高贵，适合重要人物使用。一向生产高档车的宝马决定抓住这个商机，走年轻人的路线，走时髦的路线，使车型开始趋向于流线型跑车，与众不同的设计使宝马获得了成功。

的确，因循守旧，踩着别人的脚印前进，只会使你陷入思想的沼泽地。只有挣脱思维模式的桎梏，才能欣赏到别人看不到的风景。

生活中，我们总是盯着"阳关道"，人们互相推着、挤着，结果很多时候弄得头破血流，却还是一无所获，但如果你能试着摆脱"毛毛虫"思维枷锁的限制，换一条人生之路，也许会走是更顺畅。

2000年，王斌第三次高考落榜，这一次，他拒绝了父母让他再复读的建议，决定去做点别的，王斌的父母都是知识分子，他的哥哥、姐姐也都考上了大学，父母觉得一个人如果上不了大学，那他就永远也不能出人头地，因此，王斌的想法在家里引起了轩然大波。但是，王斌没有理会家人的反对，他开始了自己的创业历程，他相信成功的路不止一条，自己没有必要非往高考的窄门里挤。王斌从事过很多工作：卖服装、开报刊亭、办搬家公司……但都没有成功。2003年夏天，他在某报纸上看到了一则诚招加盟某高级干洗连锁店的广告，经过分析，他认为前景不错，便果断地投入了资金办起一间连锁店。3年过去了，王斌的生意越做越大，手下已经拥有7间分店，并被当地评为十大杰出青年，他的父亲感慨地说："真没想到，这小子走'独木桥'竟然走出了名堂！"

王斌在第三次落榜后，就决定放弃自己的大学梦，另闯一条适合自己的路，这绝不是意气用事，而是在人生路口上从另一种思路出发做出的新选择。但是，值得说明的是，这种选择并不是以消极的或者反动的方式进行的。像有的人那样，一旦在自己的人生路上遇到点挫折和坎坷，不是悲观消极、怨天尤人，就是不思进取、自暴自弃；而是以一种"山重水复疑无路，柳暗花明又一村"的乐观、豁达的人生态度，独辟蹊径，走向人生的另一境界。

经验并不等于真理

经验能使我们少走许多弯路，但如果过分依赖经验，就会形成固定的思维模式，使大脑失去想象力和判断力，从而很难达到自己的目标。

经验是我们的宝贵财富，我们常常以过去的成败来看将来的机会。但是，经验并不等于真理，它常常会限制我们的头脑，使我们看不到新东西、创造不出新方法。如果你总是依赖经验，你就限制了自己。所以，要善于变通，敢于变换过去的做法。

一家规模不大的建筑公司在为一栋新楼安装电线。在一处，他们要把电线穿过一根10米长，但直径只有3厘米的管道，而且管道是砌在砖石里，并且弯了4个弯。非常有经验的老工程师都感到束手无策，显然，用常规方法很难完成任务。最后，一位刚刚参加工作不久的青年工人想出了一个非常奇特的主意：他到市场上买来两只白鼠，一公一母。然后，他把一根线绑在公鼠身上，并把它放在管子的一端。另一名工作人员则把那只母老鼠放到管子的另一端，并轻轻地捏它，让它发出吱吱的叫声。公鼠听到母老鼠的叫声，便沿着管子跑去救它。它沿着管子跑，身后的那根线也被拖着跑。因此，工人们就很容易地把那根线的一端和电线连在一起。就这样，穿电线的难题顺利地得到了解决。

正是由于经验限制了那些老工程师的思维，所以在面对新问题时他们一筹莫展。

确实，经验是我们处理日常问题的好帮手。俗话说："不听老人言，吃亏在眼前。"如果忽视经验的作用，一味地我行我素，往往会得不偿失。但经验也会将人引入误区，"空城计"的故事就是一个很好的例子。

三国后期，诸葛亮屯兵阳平，由于错用马谡，丢失了街亭要地，自叹大势已去，遂紧急部署退兵，身边仅留下一些文官和2000余名老弱残兵。

忽然，探子来报："司马懿率兵15万，兵临城下。"

众人听说此事，无不大惊失色。诸葛亮却镇定自如。他下令大开城门，自己身着披风，头戴纶巾，在城楼上焚香操琴，迎接司马懿的大军。

司马懿率兵冲到城下，见此情状，料定其中有诈，遂命令退兵。

他的儿子司马昭叫道："父亲，诸葛亮因为身边没有军队，才故意装出这副样子来迷惑我们，我们应该立刻杀进城去，将其生擒。"

司马懿不同意这样做，便摇头道："诸葛亮平素用兵谨慎，不曾冒险，现大开城门，城中必有埋伏。我若进兵，便中了他的计，这哪是你所能料想得到的啊！"

于是，魏军全部退去，诸葛亮脱离险境。

司马懿身经百战，若论带兵打仗的经验，比儿子司马昭丰富得多，但正是这些与诸葛亮多次交战的过程形成的经验，禁锢了司马懿的思维，使他做出错误的判断，而阅历与他相差甚远的司马昭却做出了正确的判断。

从以上的事例可以看出，经验有时会妨碍创新思维。虽然总的来说，通过实践活动，尤其是通过长时间的实践活动所积累的经验，有一定启发、指导意义，值得重视和借鉴，它有助于人们在后来的实践活动中更好地认识事物、处理问题。但应该注意和认识到，经验只是人在实践活动中取得的感性认识的初步概括和总结，并没有充分反映出事物发展的本质和规律。很多经验只是某些表面现象的初步归纳，具有较大的偶然性。有的看似根据和理由充分，实际上却片面、偏颇；有的只适用于某一范围、某一时期，在另一范围、另一时期则并不适宜。由于受许多条件的限制，无论是个人的经验，还是集体的经验，一般都不可避免地具有只适合于某些特定场合和时间的局限性。所以，千万不可让过去的经验成为我们进行新思考的障碍物和绊脚石。

不要迷信权威

做任何事情，都不要迷信权威，不要生活在他人的阴影之下。因为权威并非万能的，只要你坚定自己的信念，走自己认为正确的道路，很快就能实现自己的理想。

"人微言轻，人贵言重。"我们的心灵深处，都有对权威的崇拜情结。很多人出于对权威的过分信任，认为有权威存在，所以自己不用去思考，免得浪费时间，凡事跟随权威就行。

霍金曾说："你向权威妥协一小步，就离真理远了一大步。判断一些理论观点和科学成果不在于权威的声名，而在于你对科学的认真，你一认真，事情就可能是另外一个样子。"挑战权威，也是挑战自我，只有勇于挑战，才有辉煌的成功。

小泽征尔是世界上著名的交响乐指挥家，他在一次世界音乐指挥家大赛的决赛中，按照评委会给他的乐谱指挥演奏时，发现有不和谐的地方。他认为是乐队演奏错了，就停下来重新演奏，但还是不如意。这时，在场的所有作曲家和评委会的权威人士都郑重地说明乐谱没有问题，而是小泽征尔的错觉。面对这些音乐大师和权威人士，他经过再三地思考，坚定地说："不，一定是乐谱错了！"话音刚落，评判台上立刻响起了热烈的掌声。

原来，这是评委们精心设下的圈套，以此来检验指挥家们在发现乐谱错误并遭到权威人士"否定"的情况下，是否能坚持自己的正确判断。前两位参赛者虽然也发现了问题，但终因屈服于权威而遭淘汰。小泽征尔则不然，因此，他在这次世界音乐指挥家大赛中夺取了桂冠。

历史就是在不断地对自身否定中实现进步的。只有率先向权威挑战的人，才会较早地得到成功的垂青。

1879 年大发明家爱迪生发明了电灯，输电网的建设因直流电的局限而进展缓慢，与此同时，乔治·威斯汀豪组织了一个科研班子，专门研制新的变压器和交流输电系统。

爱迪生认为应用交流电是极其危险的，他极力反对这件事情。为了阻止威斯汀豪的创新，爱迪生花费数千美元，向外界宣传交流电如何可怕，使用它将会给人类带来多么大的危险。在维斯特莱金研究所，爱迪生召见新闻记者，当众用 1000 伏交流电做电死猫的表演；他还为此发表一篇题为《电击危险》的权威性文章，表达了自己反对研究和应用交流电的观点。

面对爱迪生这位权威，威斯汀豪丝毫没有气馁，对围攻交流电的宣传也不甘示弱，他竭尽全力为交流电的推广奔走、努力，并且针锋相对的在杂志上发表了《回驳爱迪生》的文章，对爱迪生的观点进行了质疑。

但是，正当威斯汀豪为交流电推广奔走时，令他做梦也想不到的事情发生了，纽约州法庭下令用交流电椅代替死刑绞架，这给威斯汀豪带来致命的一击。可是，对爱迪生来说，这真是上天赐给他的最好机会，他借着电椅大做文章，再次把恐怖气氛煽动起来。而受到意外打击的威斯汀豪，虽然在大名鼎鼎的爱迪生这个权威面前处于劣势，但他并不气馁，始终坚信交流电的应用将给世界带来新的光明。

1893年，美国在芝加哥准备举办纪念哥伦布发现美洲大陆400周年的国际博览会。会上的精彩展品之一就是点亮25万只电灯，为此，很多企业争相投标，以获取这名利双收的"光彩工程"。

爱迪生的通用电气公司以每盏灯出价13.98美元投标，并满怀信心能拿下这笔生意。

威斯汀豪闻讯赶来，以每盏灯5.25美元的极低标价与通用电气公司竞争，这大大出乎所有人的意料，博览会的负责人吃惊地问他："你投下如此的低价，能获利吗？"

"获利对我并不重要，重要的是让人看到交流电的实力。"威斯汀豪坦然地回答。对威斯汀豪的话，人们将信将疑。

国际博览会隆重开幕了，人们发现数万盏电灯在夜幕下光彩夺目，非常壮观。人们也争先传颂，是威斯汀豪用交流电照亮了世界。

望着无比灿烂的灯光，爱迪生这才低头沉思，并对自己的失误深感遗憾，同时也对后来居上的创新者表示敬佩。

假如威斯汀豪迷信权威，对爱迪生的多次攻击束手无策，交流电绝不会迅速在社会上崛起，也不可能有威斯汀豪电气公司的辉煌。

人们总是羡慕发明创造者，觉得上天太宠幸他们，给了他们那么多机遇，实际上，我们身边也有许多创新机会，就看你善不善于捕捉它。捕捉创新的机遇，取得意想不到的创新成果，往往取决于我们有没有捕捉机会的敏锐头脑，有没有善于从司空见惯的现象中发现问题、捕捉疑点的慧眼，有没有在权威下过"结论"、作过"论断"的所谓"终极真理"面前敢于质疑的勇气。

在"荒唐"中找到方法

生活中，常见一些较浅的河滩上没有桥，但河中放了许多大石头，行人可踩石头过河，这种石头叫垫脚石。在创造性思考中，那些"荒唐"的想法就像河里的垫脚石一样，"踩"着它，就可以越过思维的河，找到有价值的设想。

美丽的荷花下面是莲藕，它长在池底的淤泥之中，挖藕时，人们必须用一个大耙子，弯腰撅臀，挖起来非常吃力。许多人曾冥思苦想发明挖藕机械，但都没有成功。

日本某乡村，一群人正弯腰在池塘里挖藕。

突然不知谁放了一个响屁，周围的人哄堂大笑。在这活跃的氛围中，有个人打趣他说："好响啊！真够分量！要是能把藕给崩出来就好了。我们就省劲多了。"

听他这么一说，众人笑得更厉害了，连腰都直不起来了。

这话本来是开心取乐，荒唐至极，但是有人听后真动了心思，他想难道就真的没有办法将藕从塘子里给弄出来吗？要是用气筒把压缩空气喷进塘子里，靠压缩空气的强大力量，不就可以把藕冲出来吗？

于是，这位有心人开始了气压挖藕的试验。刚开始，他用普通的鼓风机连接管道通向池底，发现光冒气泡，什么也没有出来。面对失败，他并没有气馁，在分析失败的原因后，他把压缩空气改为高压水枪，结果发现效果甚佳，这种"高压水采藕法"不仅速度快，挖出的藕白嫩干净，而且也不会把藕损伤。从此，水压采藕技术在日本得到推广应用。

这个故事给我们的启示就是，不管遇到什么事，都要敢于大胆想象，不能因循守旧，要主动地创新。"二战"时就有这样的故事。

第二次世界大战中，苏联一艘潜艇发现德军在新罗西斯克港有个特殊的布防。在高厚的防波堤后面，修筑了迫击炮和大口径机枪阵地。苏军要在这个港口登陆，一定会遭到迫击炮和大口径机枪的猛烈反击。舰上的炮火打不到它，如果用飞机去轰炸，敌人防空力量又很强，因此，很难一举歼灭迫击炮阵地。苏军得到这个情报，多次召开作战会议，重点研究如何打掉这个迫击炮阵地。有位舰长提出：借用鱼雷对付迫击炮。人们一听都哈哈大笑，太荒唐了，根本不可能。

这位舰长坚持了自己的意见，并说了一件亲眼见到的事：在一次演习中，他的一枚鱼雷从海面冲到沙滩上，并向前滑行了 20 多米，说明鱼雷能"登陆作战"。这引起指挥员们的浓厚兴趣，下令成立专门小组研究"鱼雷登陆作战"的难题。当时最大的难题是如何防止鱼雷碰撞防波堤后爆炸，并使它越过防波堤在着陆后最远点上爆炸，不然很难消灭防波堤后的迫击炮阵地。为此，他们制造了一种合适的惯性引信，使鱼雷飞过防波堤高度之后爆炸。改装之后经过实弹射击，鱼雷登陆成功。

攻击新罗西斯克港的战斗打响后，苏军一个中队的鱼雷艇，朝港内防波堤发射 10 枚鱼雷。这些鱼雷冲出水面越过防波堤之后爆炸，把德军迫击炮阵地、大口径机关枪阵地炸得稀巴烂，使其瞬间失去战斗力，苏军发起登陆，很快占领港口。

事后，几个被俘的德国炮兵，纳闷地问苏军士兵："那些从水里上来、会翻腾的炸弹，到底是什么武器？"

当苏军士兵告诉他们是鱼雷时，这几个德军士兵不断地摇头："没听说过还有会登陆的鱼雷！"

这个故事可以说是超级思维的典型翻版，它看似荒唐，却可以说是匠心独运的高深智慧。

在实际生活中，有许多事情看来是荒唐透顶，极不实际，非常可笑的，似乎没有任何价值。其实不然，许多看起来荒唐可笑的事情，里面却含着深刻的哲理，蕴藏丰富的发明宝藏，如果我们对这些"荒唐"的事情进行仔细研究，很可能受到意外的启发。所谓"化荒诞为神奇"，说的就是这个道理。

抓住问题的关键点

治病要讲究"对症下药"，解决问题也是一样的道理，要找对关键点，抓住问题的症结。当你在工作中遭遇难题、一筹莫展的时候，不妨让自己冷静下来，仔细分析一下问题，找到症结，对症下药，问题就可以顺利解决。

新加坡著名作家尤今有这样一次经历：当他还是一名记者时，一次，他托一位同事代买圆珠笔，并再三叮嘱他："不要黑色的，记住，我不喜欢黑色，暗暗沉沉，肃肃杀杀。千万不要忘记呀，12支，全部不要黑色。"第二天，同事把那一打笔交给他时，他差点昏过去：12支，全是黑色的。

他的同事却振振有词地反驳："你一再强调黑色的、黑色的，忙了一天，昏沉沉地走进商场时，脑子里印象最深的两个词是：12支，黑色。于是我就一心一意地只找黑色的买了。"其实，只要言简意赅地说，"请为我买12支蓝色的笔"，相信同事就不会买错了。从此以后，尤今无论说话、撰文，总是直入核心，直切要害，不去兜无谓的圈子。

由此可见，无论是工作、学习还是处理生活问题，都要讲究方法。只有抓住关键问题，切中问题的要害，才能使我们的工作和学习事半功倍。

有一家核电厂在运营过程中遇到了严重的技术问题，导致了整个核电厂生产效率的降低。核电厂的工程师虽然尽了最大的努力，但还是没能找到问题所在。于是，他们请来了一位顶尖的核电厂建设与工程技术顾问，看看他是否能够确定问题的所在。顾问穿上白大褂，带上写字板，就去工作了。在两天的时间里，他四处走动，在控制室里查看数百个仪表、仪器，记好笔记，并且进行计算。

临离开前顾问从衣兜里掏出笔，爬上梯子，在其中一个仪表上画了一个大大的"×"。"这就是问题所在。"他解释说，"把连接这个仪表的设备修理、更换好，问题就解决了。"顾问走后，工程师们把那个装置拆开，发现里面确实存在问题。故障排除后，电厂完全恢复了原来的发电能力。

大约一周之后，电厂经理收到了顾问寄来的一张1万美元的"服务报酬"账单。电厂经理对账单上的数目感到十分吃惊。尽管这个设备价值数十亿美元，并且由于机器的故障损失数额巨大，但是以电厂经理之见，顾问来到这里，只是到各处转了两天，然后在一个仪表上画了一个"×"就回去了。对于这么一项简单的工作收费1万美元似乎太高了。

于是，电厂经理给顾问回信说："我们已经收到了您的账单。能否请您将收费明细详细地逐项分列出来？好像您所做的全部工作只是在一个仪表上画了一个'×'，1万美元相对于这个工作量似乎是比较高的价格。"

过了几天，电厂经理收到顾问寄来的一份新的清单，上面写道："在仪表上画'×'：1美元；查找在哪一个仪表上画'×'：9999美元。"

这个简单的故事向我们揭示了一个深刻的道理：一个人，如果想在生活中获得成功、成就和幸福，一条最重要的定律——就是必须知道其生活中的每一个阶段的关键点何在，这是我们成就每一件事情的至关重要的决定因素。从重点问题突破，是高效能人士思考的习惯之一，如果一个人没有重点的思考，就抓不住事物的关键。那么，他做事的效率必然会十分低下。相反，如果他抓住了主要矛盾，解决问题就变得容易多了。

在变化中化解问题

不通则变，一心求变的人要知道，变的极限是毁。用到思维上就是不破不立。学会变通地去应对工作中的困难，在变化中粉碎困难，我们定能做到无往不利。

从哲学的角度来讲，唯一不变的东西是变化本身。我们生活在一个瞬息万变的世界里，应当学会适应变化。尤其是职场中人，在竞争日益激烈的今天，要培养以变化应万变的理念，勇于面对变化带来的困难，才能做到卓越和高效。

在一次培训课上，企业界的精英们正襟危坐，等着听管理教授关于企业运营的讲座。门开了，教授走进来，矮胖的身材、圆圆的脸，左手提着个大提包，右手擎着个圆鼓鼓的气球。精英们很奇怪，但还是有人立即拿出笔和本子，准备记下教授精辟的分析和坦诚的忠告。

"噢，不，不，你们不用记，只要用眼睛看就足够了，我的报告非常简单。"教授说道。

教授从包里拿出一只开口很小的瓶子放在桌子上，然后指着气球对大家说："谁能告诉我怎样把这只气球装到瓶子里去？当然，你不能这样，嘭！"教授滑稽地做了个气球爆炸的姿势。

众人面面相觑，都不知教授葫芦里卖的什么药，终于，一位精明的女士说："我想，也许可以改变它的形状……"

"改变它的形状？嗯，很好，你可以为我们演示一下吗？"

"当然。"女士走到台上，拿起气球小心翼翼地捏弄。她想利用其柔软可塑的特点，把气球一点点塞到瓶子里。但这远远不像她想的那么简单，很快她发现自己的努力是徒劳的，于是她放下手里的气球，说道："很遗憾，我承认我的想法行不通。"

"还有人要试试吗？"

无人响应。

"那么好吧，我来试一下。"教授说道。他拿起气球，三两下便解开气球嘴上的绳子，"嗤"的一声，气球变成了一个软耷耷的小袋子。

教授把这个小袋子塞到瓶子里，只留下吹气的口儿在外面，然后用嘴巴衔住，用力吹气。很快，气球鼓起来，胀满在瓶子里，教授再用绳子把气球的嘴儿给扎紧。"瞧，我改变了一下方法，问题迎刃而解了。"教授露出了满意的笑容。

教授转过身，拿起笔在写字板上写了个大大的"变"字，说道："当你遇到一个难题，解决它很困难时，那么你可以改变一下你的方法。"他指着自己的脑袋，"思想的改变，现在你们知道它有多么重要了。这就是我今天要说的。"

精英们开始交头接耳，一些人脸上露出顽皮的笑意。教授按下双手示意大家安静，然后说："现在，我们做第二个游戏。"他的目光将众人扫视一遍，指着一个戴眼镜的男子说："这位先生，你愿意配合我完成这个游戏吗？"

"愿意。"戴眼镜的男子走到台上。

教授说："现在请你用这只瓶子做出 5 个动作，什么动作都可以，但不能重复。好，现在请开始。"

男子拿起瓶子、放下瓶子、扳倒瓶子、竖起瓶子、移动瓶子，5 个动作瞬间就完成了。教授点点头，说道："请你再做 5 个，但不要与刚才做过的重复。"

男子又很轻易地完成了。

"请再做 5 个。"

等到教授第五次发出同样的指令时，男子已经满头大汗、狼狈不堪。教授第六次说出"请再做 5 个"时，男子突然大吼一声："不，我宁愿摔了这瓶子也不要再让它折磨我的神经了。"

精英们笑了，教授也笑了，他面向大家，说道："你们看到了，变有多难，连续不断地变几乎使这位亲爱的先生发疯了。可你们比我还清楚商战中变有多么重要。我知道那时你们就是发疯也要选择变，因为不变比发疯还要糟糕，那意味着死亡。"

现在，精英们对这场别开生面的讲座品出点味道来了，他们互相交换着目光。

停了片刻，教授又开口了："现在，还有最后一个问题，这是个简单的问题。"他从包里拿出一只新瓶子放到台上，指着那只装着气球的瓶子说："谁能把它放到这只新瓶子里去？"

精英们看到这只新瓶子并没有原来那个瓶子大，直接装进去是根本不可能的。但这样简单的问题难不住头脑机敏的精英们，一个高个子的中年男人走过去，拿起瓶子用力向地上掷去，瓶子碎了，中年人拾起一块块残片装入新瓶子。

教授点头表示称许，精英们对中年人采取的办法并没有感到意外。

这时教授说："先生们、女士们，这个问题很简单，只要改变瓶子的状态就能完成，我想你们大家都想到了这个答案，但实际上我要告诉你们的是：一项改变最大的极限是什么。瞧！"教授举起手中的瓶子，说："就是这样，最大的极限是完全改变旧有状态，彻底打碎它。"

教授看着他的听众，补充道："彻底的改变需要很大的决心，如果有一点点留恋，就不能够真的打碎。你们知道，打碎了它就是毁了它，再没有什么力量能把它恢复得和从前一模一样。所以当你下决心要打碎某个事物时，你应当再一次问自己：我是不是真的不会后悔？"

讲台下面鸦雀无声，精英们琢磨着教授话中的深意。教授收拾好自己的包，说："感谢在座的诸位，我的讲座结束了。"然后他飘然而去。

有句话这样说："只在河滩上沉思，永远得不到珍珠。"所以，要想得到珍珠一定要运用方法，而方法总是在变化中产生，尽管此种变化也可能蕴藏着一种危机，但没有危机也就没有变化得出的方法。

身处职场，你只有在不断变化中努力寻求解决问题的办法，才能最大限度地引爆自我，做出超人的成绩。

用吃牛排的方式解决问题

当一个人无法将整块牛排吞下去的时候，该怎么办？会认为我们根本无法吃下那块牛排吗？当然不。我们会用工具，将牛排切成小块，这样我们便能顺利进食。问题也就得以解决了。

中国有句俗语："一口吃不成个胖子。"解决问题也同样如此。我们常常十分急躁地埋头于解决问题的过程中，希望尽快地摆脱困境。这并没有错，但是当你并没有认真了解这个问题，只是一心想着要快速解决问题的时候，这对最终的结果有害而无利。

我们常常被一个问题的复杂和棘手所吓倒，认为解决它几乎是"不可能完成的任务"。但你是否尝试过将这个吓倒了你的大问题分解成一个个小问题来解决呢？

1872 年，"圆舞曲之王"约翰·施特劳斯应美国当地有关团体之邀在波士顿指挥音乐会。但谈演出计划的时候，他被这个规模惊人的音乐会吓了一跳。

原来，美国人想创造一个世界之最：由施特劳斯指挥一场有两万人参加演出的音乐会。而一个指挥家一次指挥几百人的乐队就是一件很不容易的事了，何况是两万人？

施特劳斯想了想，居然答应了。到了演出那天，音乐厅里坐满了观众。施特劳斯指挥得非常出色，两万件乐器奏起了优美的乐曲，观众听得如痴如醉。

原来，施特劳斯担任的是总指挥，下面有 100 名助理指挥。总指挥的指挥棒一挥，助理指挥紧跟着相应指挥起来，两万件乐器齐鸣，合唱队的和声响起。

现实中的问题常常是错综复杂的，我们很难将问题一下完美解决。这时，我们就可以尝试将一个大问题分割成不同的小问题，各个击破。这样远比毫无头绪地寻找一个最佳方案要来得实际和有用。1979 年诺贝尔和平奖得主特丽莎修女就是运用了这样的方法。

特丽莎本是欧洲人，后来由于想"以爱心治疗贫困"，毅然来到贫穷落后的印度。她救助了 4.2 万多个被人遗弃的人，其中不少是很多人不敢接触的麻风病患者。这个数字，在许多人眼中是一个天文数字。

在谈到如何创造这一奇迹时，特丽莎说：

"我从来不觉得这一大群人是我的负担。我看着某个人，一次只爱一个，因为我一次只能喂饱一个人，只能一个、一个、一个……就这样，我从收留第一个人开始。

"如果我不收留第一个人，就不会收留 4.2 万个人，这整个工作，只是海洋中的一个小水滴。但是如果我不把这滴水放进大海，大海就会少了一滴水。

"你也是这样，你的家庭也是一样，只要你肯开始……一滴一滴。"

在别人看来是不可能达到的目标，特丽莎却达到了。只因为她学会了将问题和压力分解，"一次只爱一个"地去做！

许多人就是由于恐惧压力，所以向难题投降。战胜难题和压力的重要方法之一，就是善于把大难题化作小难题，将大的压力分解为小的压力。

分解问题有助于解决问题。当一个原先令你畏惧的问题被分解成一个个小问题放在你面前时，你就能够轻而易举地征服它们。所以，尝试用吃牛排的方式来对待你的问题，你会发现那要容易得多。

把问题消灭在萌芽状态

"为山九仞，功亏一篑。""千里之堤，溃于蚁穴。"在工作中，我们不要忽视任何一个小问题的，更不能姑息它们由小到大。解决问题和困难最好的时机，莫过于在它们刚刚萌生之时。如果一个问题在它萌芽之时没有得到及时解决，那它就有可能像雪球一样越滚越大，最终一发不可收拾。

著名的人力资源培训专家吴甘霖先生在他的讲座中经常提到这样一个故事：

日本剑道大师冢原卜传有三个儿子，都向他学习剑道。一天，卜传想测试一下三个儿子对剑道掌握的程度，就在自己房门帘上放置了一个小枕头，只要有人进门时稍微碰动门帘，枕头就会正好落在头上。

他先叫大儿子进来。大儿子走近房门的时候，就已经发现枕头，于是将之取下，进门之后又放回原处。二儿子接着进来，他碰到了门帘，当他看到枕头落下时，便用手抓住，然后又轻轻放回原处。最后，三儿子急匆匆跑进来了。当他发现枕头向他直奔而来时，情急之下，竟然挥剑砍去，在枕头将要落地之时，将其斩为两截。

卜传对大儿子说道："你已经完全掌握了剑道。"并给了他一把剑。然后他对二儿子说道："你还要苦练才行。"最后，他把三儿子狠狠责骂了一通，认为他这样做是他们家族的耻辱。

卜传以什么标准给三个孩子不同的评价呢？

其中的一点，就是对问题的觉察能力。大儿子能够以最敏锐的思维觉察到问题，并且将问题消灭在萌芽状态；二儿子发现问题晚，但当问题发生时，能够妥善地处理；三儿子根本没有发现问题，当问题出现时，便采取极端的应急方式进行处理，结果把不应该砍掉的枕头砍掉——不但没有解决问题反而又创造了新的问题。所以，一个优秀的人，总能在第一时间察觉问题，并将其消灭在萌芽状态。

对个人是这样，对公司而言也是如此。如果发现公司有不合理的问题，要立刻解决。对产品同样不要因为是自己做的，有了毛病就讳而不宣，等到让消费者发觉时，很可能连整个公司的名誉、信用都要受到影响。

爱立信在中国"黯然神伤"的案例便是最佳的教材。

有着百年辉煌历史的爱立信与诺基亚、摩托罗拉并世称雄于世界移动通信业。但自1998年开始的3年里，爱立信在中国的市场销售额一日千里地下滑，最终不但退出了销售三甲，而且还排在了新军三星、飞利浦之后。

2001年，在中国手机市场上，大家去买手机时，都在说爱立信如何如何不好。当时，它一款叫作"T28"的手机存在质量问题，这本来就是一种错误，但更大的错误是爱立信漠视这一错误。"我的爱立信手机的送话器坏了，送到爱立信的维修部门，问题很长时间都没有解决。最后，他们告诉我是主板坏了，要花700元钱换主板。而我在个体维修部那里，只花25元就解决了问题。"这位消费者确切地说出了爱立信存在的问题。

那时，几乎所有媒体都注意到了"T28"的问题，似乎只有爱立信没有注意到。爱立信一再地辩解自己的手机没有问题，而是一些别有用心的人在背后捣鬼。然而，市场不会去探究事情的真相，也不给爱立信以"申冤"的机会，就无情地疏远了它。

其实，信奉"亡羊补牢"观念的消费者已经给了爱立信一次机会，只不过，爱立信没能好好把握那次机会。

对质量和服务中的缺陷没有第一时间解决掉，使爱立信输掉了它从未想放弃的中国市场。

Part *03*

让你高效工作的习惯

在行动前设定目标

在这个世界上有这样一个现象，那就是"没有目标的人在为有目标的人达到目标"。因为没有目标的人就好像没有罗盘的船只，不知道前进的方向；有明确、具体目标的人就好像有罗盘的船只一样，有明确的方向。在茫茫大海上，没有方向的船只只有跟随着有方向的船只走。

IBM 公司的创始人托马斯·约翰·沃森说过："有两种人永远无法超越别人：一种人是只做别人交代的工作，另一种人是做不好别人交代的工作。"哪一种情况更令人丧气，实在很难说。总之，他们会成为第一个被裁员的人，或是在同一个单调而卑微的工作岗位上耗费终生的精力。

沃森先生所指的两种人心中都没有十分明确的目标。等待他们的将是卑微的职位和庸碌的人生。阿尔伯特·哈伯德先生说过，如果你并不想从工作中获得什么，那么你只能在漫长的职业生涯的道路上无目的地漂流。只有目标在前方召唤，才会有进取的动力。在《爱丽斯漫游奇境》中，小爱丽斯问小猫咪："请你告诉我，我应该走哪条路呢？"

猫咪说："这在很大程度上看你要去什么地方。"

"去哪我都无所谓。"爱丽斯说。

"那么你走哪条路都可以。"猫咪回答道。

"这……那么，只要能到达某个地方就可以了。"爱丽斯补充道。

"亲爱的爱丽斯，只要你一直走下去，肯定会到达那里的。"

现实中，像爱丽斯那样去哪里都无所谓的员工大有人在。他们在工作中标榜努力工作，勤奋学习，但却从来没有一个工作目标，更谈不上职业规划。他们机械地工作，这种工作状态，是永远无法达到最高效率的。可以毫不过分地说，他们个人的发展会因此走更多的弯路，因为一个人从平凡到卓越的前提是确定工作的目标。

世界一流效率提升大师博恩·崔西说："成功最重要的前提是知道自己究竟想要什么。成功的首要因素是制订一套明确、具体而且可以衡量的目标和计划。"

我们每个人都渴望成功，都渴望实现财务自由，都渴望干自己想干的事，去自己想去的地方。但是要成功就要达成自己设定的目标或是完成自己的愿望，否则，成功是不现实的。成功就是实现自己有意义的既定目标。

有目标未必能够成功，但没有目标的人一定不能成功。博恩·崔西说："成功就是目标的达成，其他都是这句话的注解。"现实中那些顶尖的成功人士不是成功了才设定目标，而是设定了目标才成功。

美国哈佛大学对一批大学毕业生进行了一次关于人生目标的调查，结果如下：

27%的人，没有目标；60%的人，目标模糊；10%的人，有清晰而短期的目标；3%的人，有清晰而长远的目标。

25年后，哈佛大学再次对这批学生进行了跟踪调查，结果是：

那3%的人，25年间始终朝着一个目标不断努力，几乎都成为社会各界成功人士、行业领袖和社会精英；10%的人，他们的短期目标不断实现，成为各个领域中的专业人士，大都生活在社会中上层；60%的人，他们过着安稳的生活，也有着稳定的工作，却没有什么特别的成绩，几乎都生活在社会的中下层；剩下27%的人，生活没有目标，并且还在抱怨他人、抱怨社会不给他们机会。

生命是可贵的，但是只有在它还有一些价值的时候去做应该做的事，去实现自己的目标，人生才会有意义。

在生命中没有一个中心目标的人，很容易受到一些微不足道的诸如忧虑、恐惧、烦恼和自怜等情绪的困扰。所有这些情绪都是软弱的表现，都将导致无法回避的过错、失败、不幸和失落。在竞争日趋激烈的现代化社会，这只能导致一个人工作效能和生活质量的下降。甚至会影响到一个人的身体健康。一位美国的心理学家发现，在为老年人开办的疗养院里，有一种现象非常有趣：每当节假日或一些特殊的日子，像结婚周年纪念日、生日等来临的时候，死亡率就会降低。他们中有许多人为自己立下一个目标：要再多过一个圣诞节、一个纪念日、一个国庆日，等等。等这些日子一过，心中的目标、愿望已经实现，继续活下去的意志就变得微弱了，死亡率便立刻升高。

那么，我们在为自己设定行动目标的时候要注意哪些问题呢？

一次做好一件事

古往今来，凡是卓有成就的人，他们都有一个共同点，那就是很注意把精力用在做一件事情上，专心致志，集中突破，这是他们做事卓有成效的主要原因。

著名的效率提升大师博恩·崔西有一个著名的论断："一次做好

一件事的人比同时涉猎多个领域的人要好得多。"富兰克林将自己一生的成就归功于对"在一定时期内不遗余力地做一件事"这一信条的实践。

爱迪生认为，高效工作的第一要素就是专注。他说："能够将你的身体和心智的能量，锲而不舍地运用在同一个问题上而不感到厌倦的能力就是专注。对于大多数人来说，每天都要做许多事，而我只做一件事。如果一个人将他的时间和精力都用在一个方向、一个目标上，他就会成功。"

专注要求我们在做一件事时就要做好这一件事，下面这段摘自名叫《觉者的生涯》的书中的对话，或许能更好地解释这种状态。

能够在每一件事上做到专注，难能可贵，但是，在工作的时候做到专注，你也可以做到。

一次做好一件事，是一个高效能人士获取成功不可或缺的一项习惯。只有当你一心一意去做每一件事情时，你才能把它做好。

李果是一家广告公司的创意文案。一次，一个著名的洗衣粉制造商委托李果所在的公司做广告宣传，负责这个广告创意的好几位文案创意人员拿出的东西都不能令制造商满意。没办法，经理让李果把手中的事务先搁置几天，专心把这个创意文案完成。

连着几天，李果在办公室里抚弄着一整袋洗衣粉在想："这个产品在市场上已经非常畅销了，人家以前的许多广告词也非常富有创意。那么，我该怎么下手才能重新找到一个点，做出一个与众不同、又令人满意的广告创意呢？"

有一天，她在苦思之余，把手中的洗衣粉袋放在办公桌上，又翻来覆去地看了几遍，突然间灵光闪现，想把这袋洗衣粉打开看一看。于是找了一张报纸铺在桌面上，然后，撕开洗衣粉袋，倒出了一些洗衣粉，一边用手揉搓着这些粉末，一边轻轻嗅着它的味道，寻找感觉。

突然，在射进办公室的阳光照耀下，她发现了洗衣粉的粉末间遍布着一些特别微小的蓝色晶体。审视了一番后，证实的确不是自己的眼睛看花了。她便立刻起身，亲自跑到制造商那儿问这到底是什么东西。得知这些蓝色水晶体是一些"活力去污因子"。因为有了它们，这一次新推出的洗衣粉才具有了超强洁白的效果。

明白了这些情况后，李果回去便从这一点下手，绞尽脑汁，寻找最好的文字创意，因此推出了非常成功的广告方案。广告播出后，这项产品的销量急速攀升。

相反，一个人从事某项工作，如果不能全神贯注，不能集中精力，就很容易出差错。

在亚特兰大举行的薛塔奇10公里长跑比赛，其赞助者是健怡可口可乐公司。为了促销产品，健怡可口可乐的商标显著地展示在比赛申请表格、媒体、T恤衫比赛号码上。

比赛当天早上，大会的荣誉总裁比利格站在台上说："我们很高兴有这么多的参赛者，同时特别感谢我们的赞助商健怡百事可乐。"站在比利格背后的可口可乐公司代表极为愤怒："是健怡可口可乐，白痴！"超过1000位的参赛者一片哗然……

当时比利格感到万分的羞辱和懊悔。他事后说："我知道是可口可乐，但是我当时分心走神了，结果洋相百出，给人留下笑柄，可口可乐公司也对我不满。就是在那要命的一天，我知道了专注的重要性。"

比利格的教训告诉我们，一个人如果不集中注意力做一件事，那么不管他的工作条件有多好，他也无法做好自己的工作。

要事第一

要事第一是高效能人士的一项十分重要的习惯，区分正确地做事与做正确的事是要事第一的核心思想，其内涵是指我们在做事的过程中，做正确的事要比正确地做事更加重要。的确，如果我们的选择一开始就是一个错误，那么，无论过程再完美也不会有什么好的结果。

创设遍及全美的市务公司的亨瑞·杜哈提说，不论他出多少薪资，都不可能找到一个具有两种能力的人。这两种能力是：第一，能思想；第二，能按事情的重要程度来做事。因此，在工作中，如果我们不能选择正确的事情去做，那么唯一正确的事情就是停止手头上的事情，直到发现正确的事情为止。由此可见，做事的方向性是至关重要的。然而，在现实生活中，无论是企业的商业行为，还是个人的工作方法，人们关注的重点往往都在于前者：效率和正确做事。

实际上，第一重要的却是效能而非效率，是做正确的事而非正确地做事。"正确地做事"强调的是效率，其结果是让我们更快地朝目标迈进；"做正确的事"强调的则是效能，其结果是确保我们的工作是在坚定地朝着自己的目标迈进。换句话说，效率重视的是做一件工作的最好方法，效能则重视时间的最佳利用——这包括做或是不做某一项工作。

"正确地做事"是以"做正确的事"为前提的，如果没有这样的前提，"正确地做事"将变得毫无意义。首先要做正确的事，然后才存在正确地做事。正确做事，更要做正确的事，这不仅仅是一个重要的工作方法，更是一种很重要的工作理念。任何时候，对于任何人或者组织而言，"做正确的事"都要远比"正确地做事"重要。

正确地做事与做正确的事是两种截然不同的工作方式。正确地做事就是一味地例行公事，而不顾及目标能否实现，是一种被动的、机械的工作方式。工作只对上司负责，对流程负责，领导让做什么就做什么，一味服从，是一种被动的工作状态。在这种状态下工作的人往往不思进取、患得患失、不求有功、但求无过，做一天和尚撞一天钟，混着过日子。

而做正确的事不仅注重程序，更注重目标，是一种主动的、能动的工作方式。工作对目标负责，做事有主见，善于创造性地开展工作。这种人积极主动，在工作中能紧紧围绕公司的目标，为实现公司的目标而发挥人的能动性，在制度允许的范围内，进行变通，努力促成目标的实现。

这两种工作方式的根本区别在于：前者只对过程负责，后者既对过程负责又对结果负责；前者等待工作，后者是主动地工作。同样的时间，这两种不同的工作方式产生的区别是巨大的。

卡尔森钢铁公司总裁查理·卡尔森，为自己和公司的低效率而忧虑，于是去找效率专家史蒂芬·柯维寻求帮助，希望他能够为他提供一套思维方法，告诉他如何在短短的时间里完成更多的工作。

史蒂芬·柯维说："好！我10分钟就可以教你一套至少提高效率50%的最佳方法。把你明天必须要做的最重要的工作记下来，按重要程度编上号码。最重要的排在首位，以此类推。早上一上班，马上从第一项工作做起，一直做到完成为止。然后用同样的方法对待第二项工作、第三项工作……直到你下班为止。即使你花了一整天的时间才完成了第一项工作，也没关系。只要它是最重要的工作，就坚持做下去。每一天都要这样做。在你对这种方法的价值深信不疑之后，叫你的公司的人也这样做。这套方法你愿意试多久就试多久，然后给我寄张支票，并填上你认为合适的数字。"

卡尔森认为这个思维方式很有用，不久就填了一张 25000 美元的支票给史蒂芬·柯维。卡尔森后来坚持使用史蒂芬教授教给他的那套方法，5 年后，卡尔森钢铁公司从一个鲜为人知的小钢铁厂一跃成为最大的不需要外援的钢铁生产企业。卡尔森常对朋友说："我和整个团队坚持拣最重要的事情先做，我认为这是我的公司多年来最有价值的一笔投资！"

运用 20/80 法则

1897 年，意大利经济学家帕累托偶然注意到英国人的财富和收益模式，于是潜心研究这一模式，并于后来提出了著名的 20/80 法则，即二八法则。

帕累托研究发现，社会上的大部分财富被少数人占有了，而且这一部分人口占总人口的比例与这些人所拥有的财富数量，具有极不平衡的关系。帕累托还发现，这种不平衡的模式会重复出现，而且也是可以提前预测的。

这样，我们可以得到一个让很多人不愿意看到的结论：一般情况下，我们付出的 80% 的努力，也就是绝大部分的努力，都没有创造收益和效果，或者是没有直接创造收益和效果。而我们 80% 的收获却仅仅来源于 20% 的努力，其他 80% 的付出只带来 20% 的成果。

很明显，二八法则向人们揭示了这样一个真理，即投入与产出、努力与收获、原因和结果之间，普遍存在不平衡关系。小部分的努力，可以获得大的收获；起关键作用的小部分，通常就能主宰整个组织的产出、盈亏和成败。

现实世界中，只要你用心去体会，你就会发现存在许多二八法则的情况。

20%的罪犯所犯的案件占所有犯罪案的80%；20%的粗心大意的司机，引起80%的交通事故；20%的产品，或20%的客户，涵盖了公司约80%的营业额；20%的产品，或20%的客户，通常占该公司的80%的盈利；占公司人数20%的业务员，其营业额占公司总营业额的80%；占出席会议人数20%的与会者，发言率占所有发言的80%；20%的地毯面积可能集中了整个地毯80%的磨损；80%的时间里，你只穿你衣服的20%。

也就是说，重要的东西只占了很小的部分，它的比例是20%，因此，你只要集中精力处理工作中比较重要的20%的那部分，就可以解决全部工作的80%。

研究二八法则的专家理查德·科克认为，凡是洞悉了二八法则的人，都会受益匪浅，有的甚至会因此改变命运。

理查德·科克在牛津大学读书时，学长告诉他千万不要上课，"要尽可能做得快，没有必要把一本书从头到尾全部读完，除非你是为了享受读书本身的乐趣。在你读书时，应该领悟这本书的精髓，这比读完整本书有价值得多。"这位学长想表达的意思实际上是，一本书80%的价值，已经在20%的页数中就已经阐明了，所以只要看完整部书的20%就可以了。

理查德·科克很喜欢这种学习的方法，而且以后一直沿用它。牛津并没有一个连续的评分系统，课程结束时的期末考试就足以裁定一个学生在学校的成绩。他发现，如果分析了过去的考试试题，把所学到知识的20%，甚至更少的与课程有关的知识准备充分，就有把握回答好试卷中80%的题目。这就是为什么专精于一小部分内容的学生，可以给主考官留下深刻的印象，而那些什么都知道一点儿但没有一门精通的学生却不尽如考官之意。这项心得让他并没有披星戴月终日辛苦地学习，但依然取得了很好的成绩。

理查德·科克到壳牌石油公司工作后，在可怕的炼油厂内服务。他很快就意识到，像他这种既年轻又没有什么经验的人，最好的工作也许是咨询业。所以，他去了费城，并且比较轻松地获取了 Wharton 工商管理的硕士学位，随后加盟一家顶尖的美国咨询公司。上班的第一天，他领到的薪资是在壳牌石油公司的4倍。

就在这里，理查德·科克发现了许多二八法则的实例。咨询行业几乎80%的成长，来自专业人员不到20%的公司。而80%的快速升职也只有在小公司里才有——有没有才能根本不是主要的问题。

当他离开第一家咨询公司，跳槽到第二家的时候，他惊奇地发现，新同事比以前公司的同事更有效率。

怎么会出现这样的现象呢？新同事并没有更卖力地工作，但他们充分利用了二八法则。首先，他们明白，80%的利润是由20%的客户带来的，这条规律对大部分公司来说都行之有效。而这样一个规律意味着两个重大信息：关注大客户和长期客户。大客户所给的任务大，这表示你更有机会运用更年轻的咨询人员；长期客户的关系造就了依赖性，因为如果他们要换另外一家咨询公司，就会增加成本，而且长期客户通常不在意价钱问题。

对大部分的咨询公司而言，争取新客户是工作重点。但在他的新公司里，尽可能与现有的大客户维持长久关系才是明智之举。

不久后，理查德·科克确信，对于咨询师和他们的客户来说，努力和报酬之间也没有什么关系，即使有也是微不足道的。聪明人应该看重结果，而不是一味地努力。依照一些解释真理的见解做事，而不是像头老黄牛单纯地低头向前。相反，仅仅凭着脑子聪明和做事努力，不见得就能取得顶尖的成就。

二八法则无论是对企业家、商人还是电脑爱好者、技术工程师和其他任何人，其意义都十分重大。这条法则能促进企业提高效率，增加收益；能帮助个人和企业以最短的时间获得更多的利润；能让每个人的生活更有效率、更快乐；它还是企业降低服务成本、提升服务质量的关键。

闻名全球的 IBM 公司，它的成功绝不是偶然的。早在 20 世纪 60 年代，IBM 公司睿智的管理人员就通晓二八法则，并将其运用于电脑开发创新之中。在 1963 年，IBM 的电脑系统专家发现，一部电脑约 80％的使用时间，是花在 20％的执行指令上的。当时，基于这一重要的发现，公司立刻重写它的操作软件，让大部分的人都能容易接近这 20％。进而轻轻松松使用，因此，与其他竞争者的电脑相比，IBM 制造的电脑更易操作，更有效率，速度更快。这令 IBM 电脑一时风靡全球，成为电脑行业中的佼佼者。

合理利用零碎时间

争取时间的唯一方法是善用时间。

高效能人士善于将零碎的时间有机地运用起来，从而最大限度地提高工作效率。比如在车上时、在等待时，可一边学习、思考或简短地计划下一个行动，等等。充分利用零碎时间，短期内也许没有什么明显的感觉，但经年累月，将会有惊人的成效。

本杰明·富兰克林曾说过："世界上真不知有多少可以建功立业的人，只因为把难得的时间轻轻放过而默默无闻。"

滴水成河。用"分"来计算时间的人，比用"时"来计算时间的人，时间多 59 倍。

美国近代诗人、小说家和出色的钢琴家艾里斯顿利用零散时间的方法和体会颇值得借鉴。他写道：

其时我大约只有 14 岁，年幼疏忽，对于爱德华先生那天告诉我的一个真理，未加注意，但后来回想起来真是至理名言，从那以后我就得到了不可限量的益处。

爱德华是我的钢琴教师。有一天，他给我教课的时候，忽然问我：每天要练习多长时间钢琴？我说大约每天三四小时。

"你每次练习，时间都很长吗？是不是有个把钟头的时间？"

"我想这样才好。"

"不，不要这样！"他说，"你将来长大以后，每天不会有长时间的空闲的。你可以养成习惯，一有空闲就几分钟几分钟地练习。比如在你上学以前，或在午饭以后，或在工作的休息余闲，5 分钟 5 分钟地去练习。把小的练习时间分散在一天里面，如此弹钢琴就成了你日常生活中的一部分了。"

当我在哥伦比亚大学教书的时候，我想兼从事创作。可是上课、看卷子、开会等事情把我白天、晚上的时间完全占满了。差不多有两个年头我一字不曾动笔，我的借口是没有时间。后来才想起了爱德华先生告诉我的话。到了下一个星期,我就把他的话实践起来。只要有5分钟左右的空闲时间我就坐下来写作一百字或短短的几行。

出乎意料,在那个星期的终了,我竟积累了相当多的稿子。

后来我用同样积少成多的方法,创作长篇小说。我的教授工作虽一天繁重一天,但是每天仍有许多可以利用的短短余闲。我同时还练习钢琴,发现每天小小的间歇时间,足够我从事创作与弹琴两项工作。

利用短时间,其中有一个诀窍:你要把工作进行得迅速,如果只有5分钟的时间给你写作,你切不可把4分钟消磨在咬你的铅笔尾巴上。思想上事前要有所准备,到工作时间来临的时候,立刻把心神集中在工作上。实际上,迅速集中脑力,并不像一般人所想象的那样困难。

艾里斯顿的经历告诉我们,生活中有很多零散的时间是大可利用的,如果你能化零为整,那你的工作和生活将会更加轻松。

所谓零碎时间,是指不构成连续的时间或一个事务与另一事务衔接时的空余时间。这样的时间往往被人们毫不在乎地忽略过去。零碎时间虽短,但倘若一日、一月、一年地不断积累起来,其总和将是相当可观的。凡是在事业上有所成就的人,几乎都是能有效地利用零碎时间的人。

富兰克林在有效利用零碎时间方面堪称楷模,他曾说:"我把整段时间称为'整匹布',把点滴时间称为'零星布',做衣服有整料固然好,整料不够就尽量把零星的用起来,天天二三十分钟,加起来,就能由短变长,派上大用场。"这是成功者的秘诀,也是我们学习借鉴的好方法。

伟大的生物学家达尔文也曾说："我从来不认为半小时是微不足道的一段时间。"诺贝尔奖获得者雷曼的体会更加具体，他说："每天不浪费、不虚度或不空抛剩余的那一点时间。即使只有五六分钟，如果利用起来，也一样可以有很大的成就。"把时间积零为整，精心使用，这正是古今中外很多科学家取得辉煌成就的奥妙之一，也是我们应该从他们身上学到的优点之一。

废除拖延

商场如战场，机会稍纵即逝。那些做事拖延的人是无法成为真正的高效能人士的。拖延无助于问题的解决。如果你想让自己提高做事的效能，就应当立即废除拖延，马上行动。

对于一名高效能人士来说，拖延是最具破坏性的，它是一种最危险的恶习，它使人丧失进取心。一旦开始遇事推脱，就很容易再次拖延，直到变成一种根深蒂固的习惯。

我们常常因为拖延时间而心生悔意，然而下一次又会惯性地拖延下去。几次三番之后，我们竟视这种恶习为平常之事，以致漠视了它对工作的危害。

拖延与无所谓的耽搁有本质区别。一个公司常常会因小小的耽搁而导致巨大的损失。1989 年 3 月 24 日，埃森特公司的一艘巨型油轮在阿拉斯加触礁，原油大量泄漏，给生态环境造成了巨大破坏，但埃森特公司却迟迟没有做出外界期待的反应，以致引发了一场"反埃森特运动"，甚至惊动了当时的布什总统。埃森特公司为此花费了数亿美元，但仍无法挽回受损的企业形象。

一个高效能人士做事从不拖延，在日常工作中，他们知道自己的职责是什么，在上司交办工作的时候，他们只有两个回答。一个是："是的，我立刻去做！"另一个是："对不起，这件事我干不了。"某件工作能做就立刻去做，不能做就立刻说出自己不能做，拖延往往与高效能人士无关。

社会学家费哈·库因曾经提出一个概念，叫作"力量分析"。在这里面，他描述了两种力量：阻力和动力。他说，有些人一生都踩着刹车前进，比如被拖延、害怕和消极的想法捆住手脚；有的人则是一路踩着油门呼啸前进，比如始终保持积极、合理和自信的心态。这一分析同样适用于工作。如果你希望自己能够成为一名高效能人士，在工作中取得良好的发展，你得把脚从刹车踏板——拖延上挪开。

向竞争对手学习

欣赏、理解、包容自己的对手，看淡结果的得与失，那么你的心也会因着这份平和而充满宁静和宽容。这样一来，在面对竞争对手的时候，你也可以微笑着、气定神闲地迎接挑战：胜利了，赢得辉煌；失败了，同样也可以让你学到很多东西。

对于很多人来说，学习并不是什么难事。向书本学习、向朋友学习已经成为不少人的良好习惯。然而向竞争对手学习却并不是人人都能够做得到。一名知名的企业家曾经说过，"对手是一面镜子，可以照见自己的缺陷。如果没有了对手，缺陷也不会自动消失。对手，可以让你时刻提醒自己，没有最好，只有更好。"对于一名高效能人士来讲，培养向竞争对手学习的胸怀和习惯在当今显得尤为重要。如今资源共享、智慧共享已经成为现实和社会的发展趋势，我们只有顺应这样的潮流，虚心吸纳对手的长处，在学习中竞争，在合作中竞争，才能不断形成自己的优势，始终保持前进的动力。

20世纪60年代，在美国兴起了众多的零售商店，经过40多年的争斗搏杀，沃尔玛从美国中部阿肯色州的本顿维尔小城崛起，最终发展成为年收入2400多亿美元，商店总数达4000多家的大企业，创造了一个企业界的神话。

沃尔玛的成功得益于其创始人沃尔顿先生积极向竞争对手学习的习惯。沃尔玛的竞争对手斯特林商店开始采用金属货架代替木制货架后，沃尔顿先生立刻请人制作了更漂亮的金属货架，并成为全美第一家百分之百使用金属货架的杂货店。

沃尔玛的另一竞争对手富兰克特特许经营店实施自助销售时，沃尔顿先生连夜乘长途汽车到该店所在地明尼苏达州去考察，回来后开设了自助销售店，当时是全美第三家。

与沃尔顿先生一样，李嘉诚先生也是一名积极向竞争对手学习的人。李先生是国内外知名的企业家，曾被评为亚洲最有影响力的人。他的和记黄埔集团是全球港口业最大的经营商，业务遍及41个国家。一般人只知道李先生是一个能够在商场中纵横自如的超级富豪，然而很少人知道李嘉诚事业的转折点竟是从做塑胶花开始的。

1957年春天，李嘉诚为了了解塑胶花产品的生产工艺，登上飞往意大利的班机去考察。

他在一间小旅社安下身，就迫不及待地去寻访那家在世界上开风气之先的塑胶公司的地址，经过两天的奔波，李嘉诚风尘仆仆来到该公司门口，但如何获取该公司的技术还是一大难题。

他知道任何一个厂家对于新产品的技术都是严格保密的。也许可以名正言顺购买技术专利，然而，这样做可行性很小。一是，长江厂小本经营，绝对付不起昂贵的专利费；二是，厂家绝不会轻易出卖专利，它往往要在充分占领市场，赚得盆满钵溢，直到准备淘汰这项技术时方肯出手。

情急之中，李嘉诚想到一个绝妙的办法。这家公司的塑胶厂招聘工人，他去报了名，被派往车间做打杂的工人。李嘉诚的主要工作是负责清除废品废料，他推着小车在厂区各个工段来回走动，双眼却恨不得把生产流程吞下去。李嘉诚收工后，急忙赶回旅店，把观察到的一切记录在笔记本上。

整个生产流程都熟悉了。可是，属于保密的技术环节还是不得而知。有一天，李嘉诚邀请数位新结识的朋友，到城里的中国餐馆吃饭，这些朋友都是某一工序的技术工人。李嘉诚用英语向他们请教有关技术，佯称他打算到其他的厂应聘技术工人。李嘉诚通过眼观耳听，大致悟出塑胶花制作配色的技术要领。

几个月后，李嘉诚满载而归。随机到达的，还有几大箱塑胶花样品和资料。临行前，塑胶花已推向市场，李嘉诚跑了好多家花店，了解销售情况。他发现绣球花最畅销，立即买下好些绣球花做样品。

李嘉诚回到长江塑胶厂不动声色地把几个部门负责人和技术骨干召集到办公室，他宣布，长江厂将以塑胶花为主攻方向，一定要使其成为本厂的拳头产品，使长江厂更上一层楼。

李嘉诚在香港快人一步研制出塑胶花，填补了香港市场的空白。按理说，物以稀为贵，卖高价在情理之中。但是李嘉诚明察秋毫，他认为塑胶花工艺并不复杂，因此，长江厂的塑胶花一面市，其他塑胶厂势必会在极短时间内跟着模仿上市。倒不如在人无我有、独家推出的极短的第一时间，以适中的价位迅速抢占香港的所有塑胶花市场，一举打响长江厂的旗号，掀起新的消费热潮。卖得快，必产得多，"以销促产"，比"居奇为贵"更符合商界的游戏规则。这样，即使其他厂家迅速跟进，长江厂也早已站稳了脚跟，而长江厂的塑胶花也深深植入了消费者心中。

李嘉诚走"物美价廉"的销售路线，大部分经销商都非常爽快地按李嘉诚的报价签订供销合约。有的为了买断权益，主动提出预付50%订金。

李嘉诚掀起了香港消费新潮流，长江塑胶厂由默默无闻的小厂一下子蜚声香港塑胶界。

李嘉诚的成功固然与他独到的眼光和富有前瞻性的决策分不开，但是如果他不积极向竞争对手学习，他也不可能取得那么骄人的成就。

善于借助他人力量

俗话说：孤掌难鸣，独木不成桥。无论是游刃职场，还是自主创业，我们必须寻求他人的帮助，借他人之力，方便自己。

有一句歌词唱得好，"千金难买是朋友，朋友多了路好走"。说的就是人脉。人脉就是人际关系网，就是你结交的好人缘，就是你在需要时，可以毫不犹豫开口求助的那些人。这是一个团队合作的年代，如果你要成为一名高效能的人士，就必须养成善于借助他人力量的习惯，利用他人的优势来弥补自己的不足。

在中国，"他人"是一个泛泛的概念，没有一个明确的界定，而且这些"他人"大多都是你的陌路人，不太熟悉的人，关系很一般的人，他们大多不能实际地帮助你。"他人"中只有一种人能够实际地帮助你，那就是——朋友。你的亲朋好友，总是给你各种各样的帮助。你遇有紧急危难，总是他们帮你排忧解难，渡过危急。或者当你吉星高照时，也是他们为你抬轿唱喏。朋友，是一个特定的圈子。圈子虽小，作用却难以估测。其实，社会的本质和特点就是朋党相携，相互帮助。

一个人，无论在工作、事业、爱情哪方面，都离不开这种人与人之间的相互帮助。朋友之间更是如此。因为各人的能力有限，人际关系也有所不同，所以有必要相互帮助，彼此取长补短。在自然界，也是这样，动物们相互协作，以有利于防备捕猎、取暖和生殖。

就社会和自然状况来看，独行者是斗不赢彼此协作的团体的。一个人在社会中，如果没有朋友，没有他人的帮助，他的境况会十分糟糕。普通人如此，一个成就大事业的人更是如此。如果失去了他人的帮助，不能利用他人之力，任何事业都无从谈起。

有一位资深的人力资源管理者家说过，以前，企业招募人才时，专业知识、学习能力是首要条件，但渐渐地，在知识经济时代，由于技术、知识迅速更新，光靠一个人的力量无法完成任务。一个人只有善于借助他人的力量，才能更好地提高自己的工作效能。

花旗银行是世界上最大的金融服务公司，在这个由许多"第一名"聚集而成的金字塔组织中，55岁的程耀辉、曹中仁两人，是企业金融处最年轻的副处长暨副总裁，也是高层刻意培养的接班人。他们两人，一个主管电子中、下游产业的客户关系，另一个主管电子上游产业客户关系，平日往来的对象都是各大电子业的老板与财务长们。一位花旗银行资深主管评论道：论聪明、论专业，大家都是一时之选，但是，他们的人脉竞争力却高人一等。对内，可以服众；对外，则可以取得客户的信任，这是他们出线的原因。

杨力是一家跨国公司的财务主管，他将人脉看成自己事业成功的一个重要的桥梁。从边陲小镇到美国硅谷发展，杨力没有显赫的学历与家世背景，但如今他的身价已突破亿元，并身兼十几家科技公司董事长。问他成功的秘诀，他说，就是靠朋友。朋友越聚越多，机会也越来越多。很多的机会当初自己没想过，也没看到。这些，都是机缘。杨力口中的"机缘"，在朋友眼中，其实是由重义气累积而来的。

树立团队精神

团队合作是高效能人士的一项重要习惯。团队精神在一个公司，在一个人的事业发展中都是不容忽视的。

作为一项工作中的个体，只有把自己融入整个团队之中，凭借整体力量，才能把自己不能完成的棘手的问题解决好。当你来到一个新公司，你的上司很可能会分配给你一个你难以独立完成的工作。上司这样做的目的就是要考察你的合作精神，他要知道的仅仅是你是否善于合作，勤于沟通。如果你不言不语，一个人费劲地摸索，这对你个人事业的发展是非常不利的。明智且能获得成功的捷径就是充分利用团队的力量整体作战。

事实上，一个人的成功不是真正的成功，团队的成功才是最大的成功。对于一个高效能人士来说，谦虚、自信、诚信、善于沟通、团队精神等一些传统美德是非常重要的。

A公司是一家国内知名的生物科技公司，在市场部的一次人力资源招聘中，有9名优秀应聘者经过初试，从上百人中脱颖而出，闯入了由公司老板亲自把关的复试。

老板看过这9个人的详细资料和初试成绩后，相当满意，但此次招聘只有3个工作岗位，所以老板给大家出了最后一道题。

老板把这9个人随机分成3个小组，指定甲组去调查婴儿用品市场，乙组调查妇女用品市场，丙组调查老年用品市场。为了避免他们盲目开展调查，老板还给每人准备了一份相关行业的资料。

两天后，9个人都把自己的市场分析报告送到了老板那里。老板看完后，走向丙组的3个人，向他们恭喜道："你们已经被本公司录用了。"

看着另外6个人大惑不解的表情，老板呵呵一笑说："我给各位的资料都不一样，甲组的3个人得到的分别是婴儿用品市场过去、现在和将来的分析资料，其他两组的也类似。但丙组的人最聪明，互相借用了对方的资料，补全了自己的分析报告。而甲、乙两组的人却分别行事，抛开队友，自己做自己的。"直到此时，被淘汰的6个人才明白，老板考核最后一道题的目的是，想看看大家有没有团队合作意识。甲、乙两组失败了，原因在于他们没有合作，忽视队友的存在。要知道，团队合作精神才是现代企业成功的保障。

例如，微软公司在开发Windows2000系统时，动员了超过3000名研发工程师和测试人员，写出了5000多万行代码。如果没有高度统一的团队精神，没有全部参与者的默契与分工合作，这项工程是根本不可能完成的。

微软公司所营造的团队合作的企业文化使其数以百计的"富翁员工"在赚取百万身价以后，却仍继续留在微软"卖命"工作。在某些人看来，这也许有点不可思议。但微软公司的"富翁员工"们却并不这样认为。

微软公司的工作条件并不安逸，相反，工作强度常常比同行业的其他公司要大得多。在这里，一周工作 60 个小时是常事。在主要产品推出的前几周，每周的工作时数还会过百。微软公司的津贴并不比同行业的其他公司高很多，甚至显得有点吝啬。据该公司的一位前任副总裁透露，多年以来，董事长比尔·盖茨因公出差时，总是自己开车去机场，而且坐的是二等舱。

　　那么，是什么神奇的吸引力，竟使这群百万富翁在取得经济独立后仍然如此卖命地工作呢？答案只有一个，那就是，完全超越了自我的团体意识。这种团体意识，已在微软公司落地生根。微软人认为，他们不属于自己，而是从属于某种特别的东西——"微软"这个团体。比尔·盖茨在谈到这种团队意识时说了一段耐人寻味的话："这种共创卓越的团队意识营造了一种刻苦向上的创造氛围，在这种氛围中，人们的开拓性思维不断涌现，员工的潜能得以充分发挥。"在微软，你不但享有公司的全部资源，同时还拥有一个能使自己大显身手、发挥重要作用的小而精的班级或部门。每一个人都有自己的主见，而能使这些主见变成现实的则是微软这个团队。

　　事实上，我们考察一些世界知名企业，从海尔到华为，从星巴克到微软，那些业绩长青的企业都具有共创卓越的团队意识，甚至可以说，是否拥有这种团队精神乃是企业能否永续光辉的根本。展望全球，世界 500 强公司都在着力追求和培养把个人的创造力融于集体协作中的团队精神。

　　近年来，有一种叫拓展训练的员工培训模式在我们国家十分风行。主要是通过体验式训练和模拟场景训练来提升团队合作精神，其中有一个叫"盲阵"的游戏十分常用。在一块空地上，将一队人蒙上眼睛，交给他们一根长绳子，要他们在规定时间内把绳子拉成一个正方形。起初大家往往会乱作一团，各有自己的主张，自由走动，你推我撞，你叫我喊。经过一段纷乱无谓的争吵，大家渐渐明白：必须确立一名优秀者为团队领袖，以智者为助手，统一意志、统一目标、统一行动，大家都能自觉地做到令行禁止，各负其责，才能完成这个简单的游戏。

善于休息

心理学家们认为，疲倦的感觉是生理自然反映出来的警告。提醒我们身体某部位超过负荷。如果置之不理，将更增加身体的负担。所以，一旦出现了警告信息，让负担过重的部位恢复正常，才是明智之举。

休息可以使一个人的大脑恢复活力，提高一个人的工作效能。"曾经有一段时间，我也认为休息太过于浪费时间，但是后来我发现不注意休息的直接后果是工作效率的低下，"斯蒂芬感慨地说，"中国古人讲：'文武之道，一张一弛。'身处激烈的竞争之中，每一个人如上紧发条的钟表。因此，一名高效能人士应当注意工作中的调节与休息，不但于自己健康有益，对事业也是大有好处的。"

高效能人士不会固执于解决不了的问题。学会搁置问题，把问题先放一放，不失为一个休息放松的好方法。相反，太固执于一时无法解决的难题，容易产生垂直思考的弊害。这里，有一个以水平思考解决问题的小故事。

有一位债主向债务人讨价，逼迫他说："不还钱没关系，拿你的女儿来抵债！"说着，便从地上黑白交杂的石堆里捡起两颗石子来，狡猾地笑着说："来吧！我两手中有一边是黑石头，一边是白石头，你选一个。如果选中白石头的话，欠的钱无限期延期；如果选中黑石头的话，嘿嘿，就拿你的女儿来抵债！"

其实，债务人已清楚地看到债主拾起的两颗都是黑色的石子。不论选择哪一边，女儿都得给人家，但又没有拒绝选择的余地……终于，债务人勉强地伸出手来指着其中的一个拳头，作了抉择。但在要接过石子的时候，他抖着手故意不小心把石子掉到地上去。地上满是黑白石子，谁也找不出到底哪一个才是掉下去的石头，这时，债务人一副抱歉万分的神情："对不起，我把石头弄掉了。你手中的石头是什么颜色的呢？"

结果聪明的读者当然会猜出来。因为留在债主手中的是黑石子，所以债务人选的就是白石子，化险为夷了。像这种情形。如果一味绕着"选或不选"的问题伤脑筋的话，是无法找出解决对策的，必须重新思考，才能从另一个角度发现解决的方法。

而解决工作上的问题也是同样的道理，在垂直思考之外，也要加进水平的思考才能找出解决办法来。所以，为了避免陷入垂直思考的僵局，在碰钉子的时候，不妨暂且搁置问题，让头脑静下来。或许办法就在你将问题放置在一旁的时候悄然来临。

我们来把前面所提的事项作个整理：

遇上一时无法解决的难题时，不妨把它记录下来，暂且搁置一旁。

把问题"存档"于潜在意识中，有时可以从别的事物上意外地得到解决的线索。

切不可为问题"牵肠挂肚"，这样不仅妨碍你的休息，对于问题的解决也是十分不利的。

"记录问题"不仅可以留待日后找出好的方法，还有一项效用：当你把问题详细记录下来之后，由于不必担心忘记它，便能很放心地把它暂时从记忆中完全撤离，把脑子清理出一大片的"净土"，如此才得以安心地全力去做另一项工作。否则，虽然是搁置问题，但因为无法暂时遗忘而心有旁骛，做起其他的事来势必效率不彰、事倍功半。

佛院里，那些已达上乘悟境的禅僧，打禅时仍不免会有若干杂念产生。许多禅僧因此在打禅时随身备妥纸笔，一旦杂念浮现便立即画写下来，然后划上一笔将杂念勾销，而能继续打禅。

为解决难题而撇下手边的其他工作是最不明智的举动。建议你把它记下来，让脑筋重回白纸的状态，以便全力进行其他的工作。

及时改正错误

善于听取正确的批评，及时改正自己的错误是高效能人士的一项良好习惯。生活中，我们经常遇到意见看法与自己相左的人。我们认为自己十分优秀的业绩或得意报告却被他们贬得一文不值；我们竭尽全力做出的创意被他们指责为脱离实际；我们认为做得很好的事却成了别人批评的焦点。面对这些批评，大多数人都会头脑发热，生气地据理力争，甚至还会用非常恶毒的话予以还击，结果使事情变得更糟。还有一些没有主见的人，一听到别人的批评，马上就推翻自己之前的所有努力，从而在成功路上走了弯路，这对自己来说是一种极大的损失。

其实，不管你从事什么工作，总会有人对你的表现提出反对意见，过分看重别人的批评，只会增加自身的压力，如果仅仅因为批评而否定自己，更不是明智之举。例如，美国总统选举过程中，竞选中的胜出者也并不是所有人都支持的。所谓的压倒性胜利指的是有60％的人投你的票，也就是说，就算是一个大赢家，也还是有40％的人投反对票。明白这个道理，在别人的批评面前，就能保持冷静与开阔的胸襟。毕竟没有一个人好到无懈可击，可以避免批评。

一名高效能人士要善于从批评中找到进步的动力。批评通常分为两类：有价值的评价或是无理的责难。不管怎样，坦然面对批评，并且从中找寻有价值、可参考的成分，进而学习、改进，你将获得意想不到的成功。

汤姆是一名厨师，他曾在美国得克萨斯州的一个著名的度假村工作。每到周末，许多有钱人就到那里度假、游玩。有一个周末，当汤姆正在厨房里忙碌不堪时，服务生端着一个盘子走进来，对汤姆说："有位客人点了这道油炸马铃薯，他抱怨切得太厚了。"

汤姆看了一眼盘子，同以往的油炸马铃薯并没有什么不同。况且从来没有客人抱怨切得太厚。尽管如此，他还是重新将马铃薯切薄些，重新做了一份让服务生送去。

几分钟后，服务生气呼呼地回到厨房，对汤姆说道："我想那位挑剔的客人一定是生意上遇到麻烦了，就把气发泄到我们身上，他对我大发牢骚，还是嫌切得太厚了。"

汤姆在忙碌的厨房中忍住脾气，静下心来，耐着性子将马铃薯切成薄薄的片状，然后放入油锅中炸成诱人的金黄色，捞起来盛到盘子里，撒上葱，然后第三次让服务生送过去。

没过多长时间，服务生端着空盘找到汤姆高兴地说："客人满意极了，他说这是他一辈子吃过的最好吃的马铃薯，同桌的其他客人也都赞不绝口，他们还要再来一份！"

从此，这道炸马铃薯就成了汤姆的招牌菜，许多人慕名前去品尝，而汤姆也因此一举成名，成为全度假村最有名的一位厨师。

著名思想家爱默生建议我们，如果我们将批评比喻为一桶沙子，当它无情地撒向我们时，不妨静下心来，在看似不合理的要求中，找到让自己进步的"金沙"，在批评中寻找成功的机会。

把工作变得简单

通用电气的前总裁杰克·韦尔奇有一句名言："管理效率出自于简单。"简单式管理已成为很多企业奉行的管理模式。同样，简化自己的工作也就成了高效能人士必备的一项重要习惯。

日常工作中，我们经常会遇到这样的现象：某位员工就某件事情汇报了半天，领导却不得要领，不知其主要说什么；某位员工就某件事写了一篇文字材料，洋洋数千言，可这件事到底是怎么回事，看了半天也不明白。这是效率低下的普遍表现。

主要从事组织沟通管理咨询的艾森克·胡德自1992年开始至今，曾对美国企业进行了一项以"简单管理"为专题的调查研究，长期观察企业员工的工作模式，探讨造成工作过量、效率低下的原因。最初的调查对象包括了来自500家企业的2500名人士，持续至今已经扩大到800多家企业，人数达到35万人，其中包括了美国银行、通用电气、迪士尼等国际知名的大型企业。

随后，艾森克将"简单"的理念运用到日常的工作实务上。根据他多年的研究调查结果，现代人工作变得复杂而没有效率的最重要原因就是"缺乏焦点"。因为不清楚目标，总是浪费时间，重复做同样的事情或是不必要的事情；遗漏了关键的讯息，却浪费太多时间在不重要的讯息上；抓不到重点，必须反复沟通同样的一件事情。

职场人士往往会有这样的体会，最初创业时，只有老板（包括合伙人）和被雇用者两个层级，那时候上下级之间的关系非常简单，工作效能也很高。然而，当发展成为大公司后，关系越来越复杂，管理也越来越困难了。这是什么原因？著名的管理大师彼得·德鲁克说过："最好的管理是那种交响乐团式的管理，一个指挥可以管理250个乐手。"他通过调查和研究得出的结论是，对企业而言，管理的层级越少越好，层级之间的关系越简单越高效。

同样，一名职场中的高效能人士必须想尽办法，化繁为简，将牵绊工作效率的障碍毫不足惜地甩掉。但"简单一些，不是要你把事情推给别人或是逃避责任，而是当你焦点集中、很清楚自己该做哪些事情时，自然就能花更少的力气，得到更好的结果"。艾森克在接受杂志访问时如此说道。简化问题，从细节入手，避免冗繁是我们简化工作的重要途径。

美国威斯门豪斯电器公司董事长唐纳德·C.伯纳姆在《时间管理》一书中提出自己提高效率的一项重要原则：在做每一件事情时，应该问自己三个"能不能"：

能不能取消它？

能不能把它与别的事情合并起来做？

能不能用更简便的方法来取代它？

在这项原则指导下，善于利用时间的人就能把复杂的事情简单化，办事效率有很大提高，不至于迷惑于复杂纷繁的现象，处于被动忙乱的局面。无论在工作中，还是在生活中，为了提高效率，就必须决心放弃不必要或者不太重要的部分，并且把重要的事情也进行有序化。

简化问题是我们简化工作的一个重要原则。正确地组织安排自己的活动，首先就意味着准确地计算和支配时间，虽然客观条件使你一时难以做到，但只要你尽力坚持按计划利用好自己的时间，并就此进行分析总结，然后采取相应的改进措施，你就一定能赢得效率。

不断学习

不断学习是高效能人士的一项重要习惯。众所周知，我们所赖以生存的知识、技能和车子、房子一样，会随着岁月的流逝不断折旧。美国职业专家指出，现在职业半衰期越来越短，所有高薪者若不学习，无须5年就会变成低薪。当10个人中只有1个人拥有电脑初级证书时，他的优势是明显的，而当10个人中已有9个人拥有同一种证书时，那么原来的优势便不复存在。

在风云变幻的职场中，善于创新、充满活力的新人或者经验丰富的业内资深人士不断地涌进你所在的行业或公司，你每天都在与几百万人竞争，因此你必须不断提升自己的价值，增进自己的竞争优势，学习新知识并在工作中学到新的技能。否则你将无法保持现有职位，更别提高效能地工作了。

皮特·詹姆斯是美国 ABC 晚间新闻的当红主播。在此之前，他曾一度毅然辞去人人艳羡的主播职位，到新闻的第一线去磨炼自己。他做过普通的记者，担任过美国电视网驻中东的特派员，后来又成为欧洲地区的特派员。经过这些历练后，他重新回到 ABC 主播台的位置。而此时的他，已由一个初出茅庐的略微有点生涩的小伙子成长为成熟稳健又广受欢迎的主播兼记者。

皮特·詹姆斯最让人钦佩的地方在于，当他已经是同行中的优秀者时，他没有自满，而是选择了继续学习，使自己的事业再攀高峰。一个高效能人士无论自己处于职业生涯的哪个阶段都会把不断学习当成自己的一项重要习惯。因为他们清楚自己的知识对于所服务的机构而言是很有价值的，正因为如此，他必须好好自我监督，不能让自己的技能落在时代后头。因此，当你的工作进展顺利的时候，要加倍地努力学习；当工作进展得不顺利，不能达到工作岗位的要求，那你更要加紧自己学习的进度。——在瞬息万变的现代社会里，"学习"是让我们能够为自己开创一番天地的利器。当我们试图通过学习超越以往的表现，我们才能算得上真正意义上的高效能人士。

反之，如果我们沉溺在对昔日以及现在表现的自满当中，学习以及适应能力的发展便会受到阻碍。工作如逆水行舟，不进则退，不管你有多么成功，你都要对职业生涯的成长不断投注心力，如果不这么做，工作表现自然无法有所突破，终将陷入停滞甚至是倒退的境地。

马克3年前在一家合资企业担任网络通信设备销售总监，因为3年来一直忙于日常事务，在"干杯"声中一晃3年就过去了。3年后的今天，他的一名下属学历比他高，能力比他强，经验也在数年的商海中获得了积累，销售业绩惊人，在公司最近的绩效考评中名列第一，将马克取而代之，留给马克的除了美好回忆和一个"将军肚"外，唯有一声叹息。

重在执行

在一个企业中，老板、管理人员与员工必须共同面对的现实是：无论预想多么完美，结果往往与目标之间有很大的差距。"想法没有得到实施"、"方案没有得到执行"，常常是企业缺乏执行力的表现。

喜欢足球的朋友都知道，德国国家足球队向来以作风顽强著称，因而在世界赛场上成绩斐然。德国足球成功的因素有很多，但有一点却是不容忽视的，那就是德国队队员在贯彻教练的意图、完成自己位置所担负的任务方面执行得非常得力，即使在比分落后或全队困难时也一如既往，全力以赴。你可以说他们死板、机械，也可以说他们没有创造力，不懂足球艺术。但成绩说明一切，至少在这一点上，作为足球运动员，他们是优秀的，因为他们身上流淌着执行力文化的特质。无论是足球队还是企业、一个团队、一名队员或员工，如果没有完美的执行力，就算有再多的创造力也不可能取得好的成绩。

巴德森是美国橄榄球运动史上一位伟大的橄榄球教练。在他的带领下，美国绿湾橄榄球队成了美国橄榄球史上最令人惊异的球队，创造出了令人难以置信的成绩。看看巴德森的言论，能从另一个方面让我们对执行力有更深刻的理解。

巴德森告诉他的队员："我只要求一件事，就是胜利。如果不把目标定在非胜不可，那比赛就没有意义了。不管是打球、工作、思想，一切的一切，都应该'非胜不可'。""你要跟我工作，"他坚定地说，"你只可以想三件事：你自己、你的家庭和球队，按照这个先后次序。""比赛就是不顾一切。你要不顾一切拼命地向前冲。你不必理会任何事、任何人，接近得分线的时候，你更要不顾一切。没有东西可以阻挡你，就是战车或一堵墙，无论对方有多少人，都不能阻挡你，你要冲过得分线！"正是有了这种坚强的意志和顽强的信心，绿湾橄榄球队的队员们拥有了完美的执行力。在比赛中，他们的脑海里除了胜利还是胜利。对他们而言，胜利就是目标，为了目标，他们奋勇向前，锲而不舍，没有抱怨，没有畏惧，没有退缩。正是这种近乎完美的执行精神，使他们成为所有渴望在工作中有所成就的人的榜样。

专注于目标

奥林匹克运动会十项全能金牌获得者詹姆斯·卡特为了实现自己的目标，用运动器械装备了整个寓所，以便每天提醒他去实现自己的目标。他将十项全能每个项目的器械放在他不训练时也能看到的地方，跨高栏是他最差的一项，他就将一个栏放在起居室的正中央，每天必须跨越30次；他的制门器是个铅球；杠铃就放在室外廊檐下；撑竿跳高用的杆子和标枪在沙发后竖立着；壁橱里放着他的运动制服、棉织套服和跑鞋。詹姆斯说这种不寻常的陈设在他准备在奥运会夺冠的过程中，帮助他改善了他的竞技状态。

如果你想让自己成为一个高效能人士，也应当像詹姆斯·卡特那样始终专注于目标，为你的目标创建一种经常提醒自己的方式。比如，将你确定的目标和实施计划写在便笺上或是记事本上，并将它们有计划地放置在你的家中和办公室里，使你能够常常看到它们；或者将你对自己目标和实现计划的陈述录在磁带上，在你开车、做杂务、休息或思考时播放它们；将你的实施计划编辑在你的电脑屏幕保护屏上；或者将你须首要实施的计划输入电脑，并用装饰纸打印出来，然后将这些纸悬挂在办公室、卧室的镜子上，甚至是冰箱上。这样，你的目标和计划就常常出现在你的眼前，帮助你始终将注意力放在这些最重要的事情上面。

你也可以让你的梦想始终环绕着你，通过多种方法来建立自己的提示途径。采取什么方法并不重要，重要的是行动！

美国明尼苏达矿业制造公司的口号是："写出两个以上的目标就等于没有目标。"这句话不仅适用于公司经营，对个人工作也有指导作用。"年轻人事业失败的一个根本原因，就是做事没有固定的目标，他们的精力太过分散，以至于一无所成。"这是戴尔·卡耐基在分析了众多个人事业失败的案例后得出的结论。事实的确如此，生活中的许多失败者几乎都在好几个行业中艰苦地奋斗过。然而如果他们的努力能集中在一个方向上，就足以使他们获得巨大的成功。

"瞧这儿，"一个农场主对他新来的帮手汤米说，"你这种犁法是不行的，你都犁歪了，在这样弯曲的犁沟中，玉米会长得很混乱。你应该让你的眼睛盯住田地那边的某样东西，然后以它为目标，朝它前进。大门旁边的那头奶牛正好对着我们，现在把你的犁插入土地中，然后对准它，你就能犁出一条笔直的犁沟了。"

"好的，先生。"

10分钟以后，当农场主回来时，他看见犁痕弯弯曲曲地遍布整块田地。

"停住！停在那儿！"

"先生，"汤米说，"我绝对是按照你告诉我的在做，我笔直地朝那头奶牛走去，可是它却老是在动。"

因为目标总是在变动，你就不得不在这个目标和那个目标之间疲于奔命，这是一种没有目的、缺少头脑，而且非常笨拙的工作方法。

» 专注于目标方能成为专业人才

福威尔·伯克斯顿把自己的成功归因于勤奋和对某个目标持之以恒的毅力。在追求某个目标时，他从来都是全身心地投入。正是对自身奋斗目标的清楚认识和执着追求，造就了他最后的成功。正如人们所说的，持之以恒，锲而不舍，则百事可为；用心浮躁，浅尝辄止，则一事无成。

一个人只有专注于自己的目标，他才会成为某一行业的专家人才。你也许会注意到，针尖虽然细不可见，剃刀或斧头的刀刃虽然薄如纸片，然而，正是它们在披荆斩棘中起着决定性的开路先锋的作用。如果没有针尖或刀刃，那么针或刀都无法发挥作用。在生活中，能够克服艰难险阻，最后顺利到达成就巅峰的人，也必是那些能够在某一领域学有所专、研有所精，因而有着刀刃般锐利锋芒的人。

尤其是在专业化程度越来越高的现代社会，工作对个人的知识和经验不断提出了更高、更广、更深的要求。一个做事时总是摇摆不定、变来变去的人，只会将自己长时间积累的职业经验和资源都舍弃，无法强化自己的专业知识，无法形成自己的核心能力，也就无法超越他人。这样的人在社会上是没有立足之地的。

日本有句谚语叫作"滚石不生苔"，所谓"滚石不生苔"是指不在一个地方稳定下来而一直四处打转的话，就不会得到现实的收获。这里的"苔"指的是经验、资产、技巧、信用等。

一个人离开原来的工作转而从事新的工作，他的损失是相当大的，如多年来他所积累的资历、职位、经验和人际关系网络等，也就是说，过去花费在这份工作上的时间成本可能变得完全无用了。另外，人都是有行为定式和心理惰性的，到了一定的年龄，经验增长了许多，锐气却也消磨了不少，这是一种资源损失，也能使很多人缺乏面对新挑战的勇气和决心。

» 专注于目标才能脱颖而出

一个人只有集中精力于自己的目标，才会在事业上脱颖而出，取得骄人的成就。拿破仑·希尔认为，衡量一个人做事是否成功，并不在于他们各自做了多少工作，而是在于他是否专注于自己的工作和人生目标，并从中挖掘出多少自身的价值，来为这个目标服务。

一个高效能人士做事时会专注于某个目标，并全身心投入，这样他们往往会创造出事业上的奇迹。

当麦肯利还是一名从俄亥俄州来的国会议员时，胡佛总统便对他说："为了取得成功，获得名誉，你必须专注于某一个特定方向的发展。你千万不可以一有某种情绪或者方案，就立即发表演说，把它表达出来。你固然可以选择立法的某一个分支作为你学习的对象，但是，你为什么不选择关税作为你的学习对象呢？这个题目在接下来的几年中都不会被解决，所以，它将为你提供一个广阔的学习天地。"

这些话语一直萦绕在麦肯利的耳边。从此，他开始研究关税，不久以后，他就成为这个课题上最顶尖的权威。当他的关税方案被参议院通过时，他达到了自己事业上的顶峰。

一个人，假如想实现自己的人生价值，却把精力分散到许多事情上，这样的人是不会成功的。要知道，没有任何一个获得成功的人不是把他所有的精力都集中于一个特定的事情上的。

有效沟通

有效沟通是高效能人士的一项重要的能力，提高沟通能力，主要有两方面：一是提高理解别人的能力，二是增加别人理解自己的可能性。

人与人交往需要沟通，在公司内，无论是员工与员工、员工与上司、员工与客户都需要沟通。良好的沟通能力是工作中不可缺少的，一个高效能的人士绝不会是一个性格孤僻的人，相反应当是一个能设身处地为别人着想、充分理解对方、不以针锋相对的形式对待他人的人。

在有效的沟通中我们可以得到很多工作之外的东西。例如，在沟通中，我们除了和大家一起工作外，还可以和大家一起去参加各种活动，或者礼貌地关心一下他人的生活。我们可以使每个人觉得，我们不仅是工作上的好搭档，在工作之外也是很好的朋友。

在一个团队中，沟通应当遵循简单的原则，人与人之间的沟通应直截了当，心里想到什么说什么，不要把简单的问题复杂化，这样可以减少沟通中的误会。言不由衷，会浪费了大家的宝贵时间；瞻前顾后，生怕说错话，会变成谨小慎微的懦夫；更糟糕的是还有些人，当面不说，背后乱讲，这样对他人和自己都毫无益处，最后只能是破坏了集体的团结。正确的方式是提供有建设性的正面意见，在开始讨论问题时，任何人先不要拒人千里之外，大家把想法都摆在桌面上，充分体现每个人的观点，这样才会有一个容纳大部分人意见的结论。

沟通对于整个团队工作效能的提升十分重要。如果员工之间处于一种无序和不协调的状态之中，双方之间互相推诿责任以致各种力量被互相抵消，"既然我做不成，那么我也不让你做成"，这样的内耗既消耗了别人的力量，也消耗了自己的实力。在这种团队之中也不可能出现什么高效能人士。我们要实现双方合作关系，就必须杜绝自己有上述想法或行为出现，争取在不损害自己利益的基础上也充分保证对方利益。

一个高效能的人士应当具备出色的沟通能力，为此，他必须是一个"话题高手"，善于谈论他人感兴趣的话题。

凡拜访过罗斯福的人，都很惊叹他知识的渊博。"无论是牧童、野骑者、纽约政客，或外交家"，布莱特福写道，"罗斯福都知道同他谈什么。"

他是怎么做到的呢？

答案极为简单。

无论什么时候，罗斯福每接待一位来访者，他会在前一个晚上迟一点儿睡觉，以便阅读客人特别感兴趣的话题。

因为罗斯福同所有的领袖一样，知道赢得人心的秘诀，就是与他谈论他最感兴趣的事情。

曾任教哈佛大学、和蔼的鲁克教授早年就得到这方面的经验。

"当我8岁时，一个周末去拜访住在附近的姑母，并在她家度过假期。"

鲁克教授在他的一篇文章中写道：

一天晚上，一个中年人来拜访，与姑母寒暄之后，他的注意力集中到我身上。那时候，我正对船感兴趣，这位客人对这个话题似乎特别感兴趣。他走后，我非常高兴地谈论他，说他是多么好的一个人！对船多么感兴趣！我的姑母告诉我说，他是一位纽约律师；平常，他对船的事情毫不关心，对于船的问题也毫无兴趣。但为什么他始终谈论船的事呢？

"因为他是一个高尚的人。他见你对船感兴趣，他知道谈论船能使你高兴，同时也使他自己成为受欢迎的人。"姑母说。

鲁克说："我永远不会忘记我姑母的话。"

约克是某食品公司的业务员，他在一段时期曾想将面包卖给纽约一家酒店。

4年来，每个星期他都去拜访经理，他甚至还在这家旅馆开了房，住在那里，以得到生意，但他失败了。

"后来，"约克说，"在研究人际关系之后，我决定改变策略。我决定找出这个人感兴趣的是什么，什么会引起他的热心。"

我发觉他是美国旅馆服务员协会的会员。他不但是会员，由于他的热心，他现在是该会的会长和国际服务员协会的会长。不论在什么地方举行大会，他都会飞过崇山峻岭，越过沙漠、大海，参加大会。

所以第二天见到他的时候，我首先开始谈论关于服务员协会的事。我得到多么好的反应——他对我讲了半小时关于服务员协会的事，他的声音有力、高亢，我可以清楚地看出这确实是他的业余嗜好，是他生活中的热情所在。在我离开他的办公室以前，他劝我加入该协会。

这个时候，我仍然没有提任何关于面包的事。但几天后，他旅馆的主管打电话要我带着货样和价目单去。

"我不知道你对那位老先生做了些什么，"主管对我说，"但他真的被你搔到痒处了。"

试想一想我对这人紧追了4年——费力得到他的生意，我如果没有最后费劲儿去找出他感兴趣的，他喜欢谈的，我还要死追，不知道追多少年才能成功。

所以，如果我们想在沟通中更好地影响他人，就应当养成谈论他人感兴趣的话题这个好习惯。

及时化解人际关系矛盾

人际交往是高效能人士必备的一项技能。处理好人际交往过程中出现的人际关系难题是维持良好人际交往的关键。

著名社会专家戴维博士说过，我们一来到这个世界，便坠入了错综复杂的社会关系网络中，扮演着不同的角色。在家中，你是子女，又是父母；在企业，你是下属，又是上级；在社会，你是小辈，又是长辈；在交往中有熟悉的，也有不熟悉的。在这个巨大的网上，你个人就像是一个关节点，从个人出发，像水纹一样，形成一圈圈以个人为中心的人际关系网。

有人的地方，就会有问题出现，这在我们的工作和生活中十分常见。卡耐基先生曾形象地指出，在现代人的工作中，误解、矛盾等人际"顽疾"像企业出现财务危机、破产等种种问题一样，是不可避免的。一位办公室政治专栏作家曾一针见血地说："办公室政治这场游戏，要是你不愿上场，那就不要抱怨升职无期，薪金原地踏步，人家对你视若无睹，甚至职位被裁掉。"由此可见，在工作中，我们会不可避免地卷入公司的人际圈里，不可避免地要接受一些情愿或者不情愿的东西，对于此，逃避是无法解决问题的，唯一的办法就是主动行事，通过自己的行为和态度积极地去改良自己的人际关系，为自己的工作奠定良好的基础。

一个人能否成为高效能人士不仅取决于其本职工作的完成质量，更大程度上还取决于其人际关系处理得成功与否。尽管在为人处世中存在许多技巧，并且还包括非常复杂的心理因素和行为因素，但并不是高深莫测，成功处世必有其原则和方法，只要我们积极面对，必能达到轻松处世、人际关系和谐的境地。你也必定能够成为一个在工作和人际上相得益彰的高效能人士。

与人交往是一种艺术，如果你曾为办公室人际关系的难题而苦恼，无法忍受主管的反复无常，看不惯主管的假公济私，那么你一定要尝试学习如何与不同的人相处，提高自己化解人际矛盾的能力。交际中虽然需要很多的理念做指导，但它更大程度上是一种实践活动，就像音乐美术一样，需要大量的实践，需要不断地补充经验才能够真正掌握其要领，下面我们着重讲一下我们在日常工作和生活中应当掌握的人际技巧，帮助你成为一个轻松化解人际矛盾的高效能人士。

积极倾听

善于倾听是一个人沟通成功的出发点。倾听既是我们取得关于他人第一手信息、正确认识他人的重要途径，同时也是我们对他人表示尊重的最好方式。美国哈佛大学校长劳伦斯·萨默斯说过："生意上的往来，并无所谓的秘诀……最重要的是，要专注眼前同你谈话的人，这是对他人最大的尊重。"

古希腊的哲学家苏格拉底，作为有名的对话大师，认为自己是一个助产师，是帮助别人形成自己正确看法的人。通过倾听，我们可以帮助对方形成与完善他的想法。即使想表达自己的某种看法也应当借用对方的话作一引申，如"就像你刚才说的""正如你所指出的那样"等，这一方面表明你重视并记住了他的话，另一方面也使对方感到你是在作一种补充说明，说明你不仅在听，而且在思考。

在人际交往中，需要养成倾听的习惯。

一次成功的商业会谈的秘诀是什么？注重实际的学者以利亚说：

"关于成功的商业交往，没有什么神秘——专心注意对你讲话的人极为重要。没有别的东西会如此使人开心。"你无须读 MBA 也可以发现这一点。我们知道，如果一个商人租用豪华的店面，陈设橱窗珠光宝气，为广告花费成千上万元钱，然后雇用一些不会静听他人讲话的店员——中止顾客谈话、反驳他们、激怒他们，甚至几乎要将客人驱出店门的店员。他的店面布置再豪华，恐怕过不了多久也是要关门的。

杰克是美国一家百货商店的经理，良好的倾听习惯是他解决客户抱怨的关键。

有一天，一名叫乌顿的先生在杰克负责的百货商店买了一套衣服。这套衣服令人失望：上衣褪色，把他的衬衫领子都弄黑了。

后来，乌顿将这套衣服带回该店，找到卖给他衣服的店员，告诉他事情的情形。他想诉说此事的经过，但他被店员打断了。"我们已经卖出了数千套这种衣服，"这位售货员反驳说，"你还是第一个来挑剔的人。"

正在激烈辩论的时候，另外一个售货员加入了。"所有黑色衣服起初都要褪一点颜色，"他说，"那是没有办法的，这种价钱的衣服就是如此，那是颜料的关系。"

"这时我简直气得起火，"乌顿先生讲述了他的经过，"第一个售货员怀疑我的诚实，第二个暗示我买了一件便宜货。我恼怒起来，正要与他们争吵，此时，一名叫杰克的经理走了过来，他懂得他的职责。正是他使我的态度完全改变了。"他将一个恼怒的人，变成了一位满意的顾客。他是如何做的？他采取了 3 个步骤：

第一，他静听我从头至尾讲述事情的经过，不说一个字。

第二，当我说完的时候，售货员们又开始要插话发表他们的意见，他站在我的观点与他们辩论。他不仅指出我的领子是明显地为衣服所染污，并且坚持说，不能使人满意的东西，就不应由店里出售。

第三，他承认他不知道毛病的原因，并率直地对我说："你要我如何处理这套衣服呢？你说什么，我可照办。"

就在几分钟以前，我还预备告诉他们留下那套可恶的衣服。但我现在回答说："我只要你的建议，我要知道这种情形是否暂时的，是否有什么办法解决。"

他建议我再试一个星期。"如果到那时仍不满意，"他应许说，"请您拿来换一套满意的。让你这样不方便，我们非常抱歉。"

我满意地走出了这家商店。到一星期后这衣服没有毛病。我对于那商店的信任也就完全恢复了。

柔能克刚。杰克的经历告诉我们，始终挑剔的人，甚至最激烈的批评者，常会在一个有忍耐和同情心的倾听者面前软化降服。

费城电话公司数年前应付过一个曾咒骂接线生的顾客。他咒骂、发狂，并恫吓要拆毁电话，他拒绝支付某种他认为不合理的费用，他写信给报社，还向公众服务委员会屡屡投诉，并使电话公司遭致数起诉讼。

最后，公司中的一位最富技巧的"调解员"被派去访问这位暴戾的顾客。这位"调解员"静静地听着，并对其表示同情，让这位好争论的老先生发泄他的牢骚。

"他喋喋不休地说着，我静听了差不多3小时，"这位"调解员"叙述道，"以后我再到他那里，继续听他发牢骚，我共访问他4次，在第四次访问完毕以前，我已成为他正在创办的一个组织的会员，他称之为'电话用户保障会'。我现在仍是该组织的会员。有意思的是，就我所知，除老先生以外，我是世上唯一的会员了。"

"在这几次访问中，我静听，并且同情他所说的任何一点。我从未像电话公司其他人那样同他谈话，他的态度也变得友善了。我要见他的事，在第一次访问时，没有提到，在第二、第三次也没有提到，但在第四次，我圆满地结束了这一事件，他把所有的账都付清了，并在他与电话公司为难的诉讼中，他第一次撤销他向公众服务委员会的申诉。"

案例中这位老先生自认为公义而战，保障公众权利，不受无情的剥削，但实际上他要的是被人看作重要人物的感觉。他先经由挑剔抱怨得到这种感觉，但在他从公司代表那里得到满足后，他的不切实际的冤屈即消失得无影无踪了。

合理应对压力

现代社会，人们面临着各种各样的压力，为了更好地生活，应该养成良好的处理压力的习惯。一般来说，处理压力有多种方法，例如，保持身体健康，时刻记着寻找乐趣，工作中注意自立，学会与他人沟通，学会怎样应付他人，善用人际关系，等等。但这些都是一些理念层面的指导，我们主要为大家介绍几种行之有效的压力处理方法，对压力的处理作一个进一步的工具性指导。下面主要介绍的压力处理方法有倒数、冥想、NLP 法、生物反馈法和呼吸调节法等。

» 倒数

倒数是一种常见的放松方法，它的做法如下：

闭上眼睛，放松了肌肉后，再开始从 10 往后数到 1。

倒数时，想象自己正在下降——在一个下降的电梯里，正在下楼梯，或是从云端下降。

下降时，想象每一个你数的数字。

每数几个数字，就要暗示自己："我正在放松。当我数到零时，我将完全放松。"

按自己的节奏进行。按自己所感觉的放松节奏下降。

达最低点时，想象一片平静、优美的景色。这就是你所想到的地方。

经过练习，应当减少倒数的数字，也许可以从 5 数到 1。有些人甚至可以减少到 3 个数字。

» 冥想

上面介绍的倒数是一种浅层次的放松状态，这里我们为你提供一种深层次的冥想放松方式，这种方式在东方宗教里已经沿用了几千年，而且被证明是行之有效的。事实上，冥想对于减缓压力有百益而无一害。

使用前面的放松方式使自己放松。

关注你的呼吸。呼吸时，平静地重复一个词或是短语（比如"啊"或"平静"）。

当其他思想涌入脑中时，镇静地将它们赶走，并回到你重复的词上来。

开始从 10 或 15 往回数；在更加熟练后，你可能会希望延长自己的冥想。

通过几星期的练习后，大部分人都说他们在冥想后不但感到更放松，而且对压力的反应也更为冷静。

但是，冥想并不适用于每个人。有些人只需要睡会儿觉就可以做到。其他人则把自己限制得很死，因为他们不懂休息的艺术。如果你也这样，那么你在想象方面会更成功，它的功效仍然是使人平静，却不用极力使大脑保持空明，而是在脑中想象使人放松的图片或画面。

» NLP 法

这个技巧除了消除压力，帮助睡眠或休息外，也能够用来处理几乎任何问题。它是一个自我催眠技巧，即运用"喻象"（国内常称之为"观赏"或"自我暗示"）与潜意识沟通，引导潜意识去推动身体的各个系统做出改善的效果。辅导者也可以遵照技巧指示用说话引导受导者做出效果。

这个技巧没有副作用或不良效果，成功率甚高。一次的运用，可以同时处理多个问题。若无效果，多是因为以下 3 个原因。

使用者对技巧或者辅导者的抗拒。

使用者未能放松便开始进行。若缘于此，可重新开始，先做三个深呼吸，做时把注意力放在体内的感觉上。

使用者有强烈的"我没资格"身份信念。若缘于此，可先与潜意识沟通，邀请它的合作再开始技巧的进行。

这个技巧需要受导者大量使用内感官，尤其是内视觉，和"象征实物化"的能力（即是用事物去象征问题——例如，握拳象征收紧，张手象征放松；把不明确的问题变成实在的东西——例如，身体各部分像半透明的水箱、引起肌肉酸痛的东西像铁块等）。内视觉弱的使用者或许会需要多点儿时间，可以多用点儿内听觉和内感觉的元素。

技巧开始时，想象本人像一具呈半透明的人体模型，身体里面的器官和系统，运作良好的组织和结构，都是接近透明的，构成多个水箱般的单位。不好的东西，如做成紧张、疼痛、发炎、溃疡、脓肿的东西，都有颜色，它们的干扰，都想象成好像污水的液体，储留在那些水箱里。

这个技巧，前后要经过三次由头到脚的全身处理。每一次都应按照以下的次序（每一个部位就是一个水箱）。

脑→头的其他部分→颈部→双肩→双手臂→双前臂→双手掌→双手的手指（由拇指到尾指）→胸部→胃部→腹部→背的上半部→背的下半部→双大腿→双膝→双小腿→双脚板→双脚的脚趾（由拇趾到尾趾）。

清除污水

想象全身都有污水，里面充满让你感到疲劳、紧张、辛苦、压力、酸痛及其他负面感觉的东西。现在，由头到脚，按上面的次序，想象每个部分的水箱开始把污水排走，看着水位渐渐下降。身体哪些部分有不适，运用象征实物化，想象成那份不适是粒状或粉状的东西，附在不适的部分。它们现在开始剥落，掉在污水里一同排走。当全身的污水排去后，可检查一次，若有残余污水，可想象放入一些清水把它带走。

添增能量

这一次是把有用的能量加进身体，帮助身体处理问题。正面的能量基本上都是白色的，像牛奶，称之为能量牛奶。特别重要的东西，如平静、勇气、注意力、放松等，可以让受导者挑选最能代表的物品加入能量牛奶里面（例如，黄瓜代表冷静，就想象把黄瓜粒加进牛奶里面混合）。

准备好能量牛奶，受导者便想象在头顶上有一个很大的容器，装满了能量牛奶，开始从头顶灌进身体，首先是脑，然后是头的其他部分，按前述的次序注入全身。特别需要照顾的部分，可想象凝聚在那些部分的能量牛奶，有 3 倍浓度。

处理问题

逐一把身体的问题处理，想象那些能量牛奶把问题改善："象征实物化"了的问题形状，由于有能量牛奶的帮助，渐渐变成问题解决了的形状（例如，发炎部分本来是深红色，慢慢变成红色，再变成粉红，最后变成正常的颜色；同时发炎部分有肿胀现象，也慢慢消除）。重复多次问题改善的过程，然后转入下一个问题的处理。

若是睡眠的问题，除了在能量牛奶里面加上"睡眠剂"外，还可另外做一次全身扫描：想象用"松弛激光线"从头顶开始往下反复照射，一层一层地把身体里的肌肉放松。需要特别放松的地方，更可重复照射多次。

做完这个技巧后最好有 20 分钟的休息，让潜意识把效果更好地在身体里落实下来。长期失眠者每晚这样做，每次 20 分钟，只要保持平静，不出一周便有基本和长久的效果。

» 生物反馈法

专家们在探求控制压力方法的过程中发现，生物反馈法非常有用，尤其是当人们对这些技巧产生兴趣时。人们可以在医院或专家指导下参加生物反馈法的培训，也可以尝试在家庭中训练（例如，可以买一些设备来自己测量血压）。

生物反馈系统通过电子传感器来测量人体内的压力，并将结果反馈给人们。这些结果可以反映在图形上，也可以反映在声和光上。生物反馈法会使人的减压技能得到检验，并使人们切实地感觉其效果。

对想象、遐想和冥想这样一些难以定性的放松方式感到不舒服的人来说，生物反馈法尤其有用。这种方法将模糊的感觉转化为具体、可见的信息，能帮助人们形象地运用这些压力处理技能。

技术性问题。生物反馈法基本上是这样工作的：当一个人站在一台机器上时，机器会检测他的无意识活动（如血压、体温、肌肉的紧张度、汗、脑波或胃酸等）。

当人们进行一些放松练习时，能够通过光、指针或类似的指示器从机器上获得关于身体状态的信息反馈（这也是生物反馈法这一名字的由来）。

在人们做完这些练习后，能够学会将自己的感觉与体内的过程联系起来。例如，当血压升高时，人们就会知道自己身体的感觉。

多次练习后（这个方法只对那些坚持不懈的人有用），人们能够学会利用各种方法降低自己的血压。

生物反馈法是如何发挥作用的。皮肤温度测量：当人们遭遇压力时，其肾上腺激素会促使血液从体表流向身体内部，从而使人们进入一种"战斗或逃跑"的准备状态。随着皮肤表面血液的减少，人体皮肤的温度也将随之降低。

皮肤的静电反应：当人们遭遇压力时，汗液会增多。湿润的皮肤比干燥的皮肤更易导电。生物反馈法通过测量正负电极间传导的电量来判定压力的程度。

血压：当人们遭遇压力时，血压会升高。因为有很多人在毫无压力表面症状的情况下血压增高，所以对于那些想降低血压的人，生物反馈法会非常有用。

» 呼吸调节法

虽然人人都在不停地呼吸，都知道呼吸对于维持生命的必要性，但却不一定知道某些特定的呼吸方法还有解除精神紧张、压抑、焦虑、急躁和疲劳的功效。通过一段时间的练习，掌握一些基本方法，就可能运用呼吸进行自我心理调节。

下面这些练习可以先做普遍的尝试，然后从中选择几种对自己最为有益的方法，经常练习。

深呼吸练习

这个练习可以采用站式、坐式或卧式。最好用卧式：平躺在地毯或床垫上，两肘弯曲，两脚分开 20 ~ 30 厘米，脚趾稍向外，背躺着。对全身紧张区逐一扫描。将一手置于腹部，一手置于胸上，用鼻子慢慢地吸气，进入腹部，置于腹部的手随之舒适地升起。然后微笑着用鼻子吸气，用嘴呼气，呼气时轻轻地松弛地发"呵"声，好像在轻轻地将风吹出去，使嘴、舌、腭感到松弛。做深长缓慢的呼吸时，体会腹部的上下起伏，注意体会呼吸声越来越细微的感觉。

这个练习每天须做 1 ~ 2 次，每次 5 ~ 10 分钟，1 ~ 2 周后可以将练习时间延长至 20 分钟。

叹气练习

人在白天有时会叹气或打呵欠，这是氧气不足的征兆。叹气、打呵欠是机体补充氧气的方式，也能减少紧张，因此可以作为松弛的手段来练习。

站立或坐着长长地叹一口气，让空气从肺部跑出去。不要想到吸气，让空气自然地进入。重复 8 ~ 12 次，体验一下松弛感。

充分自然式呼吸练习

健康婴儿或原始人采用充分的、自然式呼吸，文明时代的人喜欢穿紧身服装，过着紧张的生活，已经没有这种呼吸习惯。下面的练习可帮助我们恢复充分而自然的呼吸。

坐好或站好，用鼻子呼吸。吸气时，先将空气吸到肺的下部，此时横膈膜将腹部推起，为空气留出空间；当下肋和胸腔渐渐向上升时，使空气充满肺的中部；最后慢慢地使空气进入肺的上部。全部吸气过程需时 2 秒，要有连续性。屏住气，约几秒钟。慢慢地呼气，使腹部向内缩一下，并慢慢地向上提。气完全呼出后，放松胸部和腹部。吸气之末可以抬一下双肩或锁骨，使肺顶部充满新鲜空气。

拍打练习

这个练习可以使人清醒，变紧张为松弛。

直立，两手侧垂，慢慢吸气时，用手指尖轻轻拍打胸部各个部位。吸足并屏住气后改用手掌对胸部各部位依次拍打。吸气时嘴唇如含麦秆，用适中的力一点一点间歇地吐气。重复练习，直到感到舒服。同时可将拍打部位移到手所能及的身体其他部位。

在工作和生活中，为了应对各种压力，养成良好的减压习惯十分重要，当你形成良好的习惯之后，生活将更加轻松。

掌握工作与生活的平衡

2004 年 7 月，曾被誉为"胆大包天"第一人的均瑶集团董事长王均瑶，因患肠癌医治无效，在上海逝世，年仅 38 岁。这则消息迅速传遍了全国各地。这些人在自己事业一帆风顺的时候却因过度劳累而失去生命，究其原因，就是没有平衡好工作与生活之间的关系。只知道一味地追求工作，结果损害了自己的健康。

真正的高效能人士都不是工作狂，他们善于掌握工作与生活的平衡。工作压力会给我们的工作带来种种不良的影响，形成工作狂或者完美主义等错误的工作习惯，这会大大地降低一个人的工作绩效。

压力给我们的工作带来种种不良影响，严重的甚至会带来一些精神上的疾病，工作狂和完美主义者不等于最佳工作者。一个高效能人士是不会成为工作狂的。

据调查，一般工人的生活是不平衡的，从商者尤其如此。许多白领一星期工作的时间超过常规的40小时。经常拼命工作的人就是工作狂，过度追求尽善尽美、强迫自己、迷恋工作是工作狂的心理特征。一个高效能人士应当善于把握工作与生活的平衡，处理好工作压力与享受生活之间的矛盾。读恐怖小说、在花园中工作、躺在吊床上做白日梦，都可以提高工作效率。

工作不是生活的唯一目的，如果你想成为不为工作所苦的人，不妨试着少点工作，多点游戏。生活中一定数量的休闲能够增加你的财富，当然，这里主要是精神上的财富。如果你在休闲上花更多的时间，或许你最终也会增加经济收入。

在休闲时间中培养更多的兴趣爱好有许多好处。工作之余的兴趣爱好有助于你在工作中有所创新。当你追求休闲生活时，你的精神会从跟工作有关的问题中解脱出来，从而得到休息。

你会因此关注工作以外的事情，会变得更富有创造力，能给企业提供一些有创造性的新点子。很多最有创造性的成就往往是在走神或胡思乱想中产生的。

» 把工作放一放

有位医生在替一位知名的企业家进行诊疗时，劝他要多多休息。这位病人愤怒地抗议说："我每天承担着巨大的工作量，没有一个人可以分担一丁点儿的业务。大夫，您知道吗？我每天都得提一个沉重的手提包回家，里面装的是满满的文件呀！"

"为什么晚上还要批阅那么多文件呢？"医生诧异地问道。

"那些都是必须处理的急件。"病人不耐烦地回答。

"难道没人可以帮你的忙吗？助手呢？"医生问。

"不行呀！只有我才能正确地批示呀！而且我还必须尽快处理完，要不然公司该怎么办呢？"

"这样吧！现在我开一个处方给你，你是否能照着做呢？"医生有所决定地说道。

这病人听完医生的话，读了读处方的规定——每天散步两小时，每星期空出半天时间到墓地去一趟。

病人是怪异地问道："为什么要在墓地待上半天呢？"

"因为……"医生不慌不忙地回答，"我是希望你四处走一走，瞧一瞧那些与世长辞的人的墓碑。你仔细考虑一下，他们生前也与你一般，觉得全世界的事都必须扛在双肩，如今他们全都永眠于黄土之下了，也许将来有一天你也加入他们的行列，然而整个地球的活动还是永恒不断地进行着，而其他世人仍是如你一般继续工作。我建议你站在墓碑前好好地想一想这些摆在眼前的事实。"医生这番苦口婆心地劝谏终于敲醒了病人，他依照医生的指示，放慢了生活的步调，并且转移一部分职责。他知道生命的意义不在于急躁或焦虑，他的心已经获得了平和，也可以说他比以前活得更好，事业也蒸蒸日上。

把工作放一放是一条平衡工作与生活的重要法则，在医生的建议下，这位病人悟出了这样一个道理："少了一个人，地球照样转。"这个世界没有谁是不可或缺的，当工作妨碍了你的生活和身体健康的时候，不妨把工作放一放，以一个平和的心态面对自己的事业，这样才称得上是把握住了生活的目的。

» 不要做工作狂

工作狂很多都是因为没有把握好工作与生活的平衡所致。工作狂常常因为工作而损害自己的健康。下面一张表是工作狂与和谐工作者（把握了工作与生活平衡的人）的对比，教你如何区分工作狂与一个和谐工作者。

工作狂	和谐工作者
工作时间长	工作时间正常
没有确定的目标——工作只是为了积极	有确定的目标——主要是为目标而工作
不会委托别人	尽可能委托别人
工作之余没有兴趣爱好	工作之余有许多兴趣爱好
为了工作放弃假期	能按照公司规定正常地休假
在工作中发展肤浅的友谊	在工作外发展深刻的友谊
经常谈论工作问题	尽量减少对工作的谈论
经常忙着做事情	能够享受休息
觉得生活很累	觉得生活是节日

工作狂习惯于连续工作好几个小时，而没时间休息。工作狂虽然拼命工作，但成绩有限，考虑到这一点，可以说事实上他们大都缺乏能力。其实，很多工作狂的工作效率并不高。

沉迷于工作是一种很严重的疾病，如果不及时治疗，会导致心理和生理上的问题。一些调查研究表明，受人尊敬的工作狂感情有缺陷。工作狂对工作的着迷导致他们患有胃溃疡、背部疾病、失眠、抑郁症和心脏病，许多人甚至因此而早亡。

高效能人士能够享受工作和娱乐，所以他们是最有效率的。如果需要，他们可能会大干一两个星期。然而，如果仅仅是例行公事的工作，他们可能懒得做，并以此为荣。

人生的成功并不局限于办公室。要做一个有着平衡生活方式的高效能人士，就意味着工作在为你服务，而不是你为工作服务。有生活和工作计划顾问建议，要想有平衡的生活方式，必须满足生活中的6个领域。这6个领域是：智商、身体健康、家庭、社会福利、精神追求和经济状况。

高效地搜集并消化信息

一个高效能人士应当养成高效地搜集并消化信息的习惯。当你真的感到自己在工作时缺乏信息，不要像有的员工那样，抱怨"公司的资讯没能很好地流通，我得不到应有的信息支持"。因为说出这样的话，就表示你没有主动地去搜集资讯，而是坐在那里被动地等待别人来提供信息给你。当你确实需要资讯时，必须主动地去搜集。

当今世界是一个以大量资讯作为基础来开展工作的社会。在商业竞争中，对市场信息尤其是市场关键信息把握的及时性与准确性，对竞争的成败有着特殊的意义。

因此，对于一名高效能人士来说，行业最新动态、市场现状与发展趋势、相关领域最新技术的动向、交易前沿的最新情况、企业内部其他部门相应工作进度等资讯，他都必须要设法了解。缺乏所需信息情报，工作就难以进行下去。例如，我们在制订计划时，只有尽可能多地拥有信息情报，才能更大程度地使计划完备周详，使可能出现的纰漏降到最少。

另外，在现代职场中，公司内部员工之间的竞争也是越来越激烈。及时、准确地掌握信息，对赢得竞争也十分重要。信息就是资历，信息就是竞争力，一个人如果能及时掌握准确而又全面的信息，他就等于掌握了竞争的主动权。

但是我们在工作中面临的一个现实是：一方面知识更新速度很快，社会资讯泛滥，到处充斥着各种各样的信息；另一方面，总是感觉到工作上所需要的资讯相对难求。有些企业，尤其是大型企业对资讯的收集、管理和使用都比较混乱，没有一套系统的方法，以致虽然有时候获取了很好的情报，但由于错过了最佳使用时机而失去了其应有的价值。

在信息社会，每一个人都在扮演着两个基本角色，即信息传递者和信息接收者。信息就像人们讲"吃过了吗""吃过了"之类的寒暄话一样自然而平常。但在这"自然而平常"之中，却有着许许多多的道理和学问，关键就是看你能否捕捉和善用信息。

职场中总有些人不去自动自发地搜集信息，而只是坐在那里等着信息传达到他们手上。持这种守株待兔的态度，是无法成为一名善于搜集并消化信息的高效能人士的。

要学会捕捉有用的信息，就应该注意收集、发现和开发信息。

上海一家食品制造企业，因信息不畅而举步维艰。他们投入资金请一位知名的咨询专家王博士为他们提供能使企业获得发展的市场信息。

王博士接受委托后，立即着手对当地的垃圾进行研究。这在一般人看来与信息毫无关联，但王博士就是在垃圾堆里为这个企业找到了有用的信息。

王博士对当地的垃圾进行了较长时间的分析研究。他与助手一道，从每天收集上来的垃圾堆中挑出数袋，然后把垃圾的内容依其原产品的名称、重量、数量，包括形式等予以分类，如此反复，进行了近一年的研究分析。

王博士说："垃圾绝不会说谎和弄虚作假，查看人们所丢失的垃圾，往往是比调查市场更有效的一种行销研究方法。"他通过对垃圾的研究，获得了当地食品消费情况的相关信息。

比如，劳动者阶层所喝的进口啤酒没高阶层多，并知道所喝啤酒中各种牌子的比例；中等阶层人士比其他阶层消费的食物更多，因为双职工家庭都上班而没有时间处理剩余的食物。

王博士还通过对垃圾内容的分析，准确地了解到人们消费各种食物的情况，并得知减肥清凉饮料与压榨的橘子汁属于高阶层人士的消费品。

后来，这家企业根据王博士所提供的信息制定经营决策，组织生产，结果大获成功。

善于集思广益、博采众议

一个卓有成效的管理者应当放下自己的架子，集思广益让各部门的各级人员都可以直接参与公司的决策。这不应仅仅是一种理念，更应形成一种习惯，在日常经营中自觉贯彻。

一个事物往往存在多个方面，要想全面、客观地了解一个事物，就必须兼听各方面的意见，只有集思广益、博采众议，才能了解一件事情的本来面目，才能采取最佳的处理方法。因此，一名高效能人士应以"兼听则明，偏听则暗"的箴言时常提醒自己，多方地听取他人的意见，以确保自己能够做出正确的决定。

通用电气公司的前身是美国爱迪生电气公司，创立于 1878 年。

经过一百多年的努力，通用电气公司现已发展成世界最大的电气设备制造公司。生产的产品种类繁多，除了一般的电气产品，如家电、X 光机等，还生产电站设备、核反应堆、宇航设备和导弹。但到了 1980 年，这个巨大的公司却落到山穷水尽、难以维持的境地。

就在这危机关口，年仅 44 岁、出身于一个火车司机家庭的杰克·韦尔奇走马上任了，担任了这个庞然大物的董事长和总裁。

他上任后进行了一系列改革，其中最重要的一条就是，宣布通用电气公司是一家"没有界限的公司"，指出，"毫无保留地发表意见"是通用电气企业文化的重要内容。

1986 年，一位年轻工人冲着分公司经理嚷道："我想知道我们那里什么时候才能有点'管理'？"韦尔奇听说后，不仅不允许处分这个年轻人，还亲自下去调查，几周之后，分公司的领导班子被撤换了。

在通用电气公司里，每年约有 2 万 ~ 2.5 万职工参加"大家出主意"会，时间不定，每次 50～150 人，要求主持者要善于引导大家坦率地陈述自己的意见，及时找到生产上的问题，改进管理，提高产品和工作质量。

职工如此，公司的各级领导层也在这个精神的指导下，更加注意集思广益。每年 1 月，公司的 500 名中高级经理在佛罗里达州聚会两天半。10 月，100 名主要管理者又开会两天半，最后 30～40 名核心经理则每季度开会两天半，集中研究下面的反映，做出准确的决策。

当基层开"大家出主意"会时，各级经理都要尽可能下去参加。韦尔奇带头示范，他常常只是专心地听，并不发言。开展"大家出主意"活动，给公司带来了生气，取得了很大成果。例如，在某次"出主意"会上，有个职工提出，在建设新电冰箱厂时，可以借用公司的哥伦比亚厂的机器设备。哥伦比亚厂是生产压缩机的工厂，与电冰箱生产正好配套。如此"转移使用"，节省了一大笔开支。这样生产的压缩机将是世界上成本最低而且质量最高的。

开展"大家出主意"活动，除了在经济上带来巨大收益之外，更重要的是使职工感到自己的力量，精神面貌大变。经韦尔奇的努力，公司从 1985 年开始，职工减少了 11 万人，利润和营业额却都翻了一番。据说，通用电气是美国道·琼斯工业指数设立以来唯一至今仍在榜上的公司。通用电气曾被《财富》杂志评为"美国最受推崇的公司"和"美国最大财富创造者"。

善于授权

通用电气前 CEO 杰克·韦尔奇认为一个杰出的高效能经理人必须做到的一点就是善于授权。著名的管理大师史蒂芬·柯维认为，做不到合理授权是现代多数中层经理工作效能低下的主要原因。柯维博士认为，现代社会许多大小公司的老板、部门主管早已被信息、电信、文件、会议掩盖得透不过气来。几乎任何一项请求报告都需要他审阅，予以批示，签字画押，他们为此经常被搞得头昏眼花，根本无法对公司重大决策做出思考，在董事会议上他们很可能是最为无精打采的一类人。

柯维博士认为，工作的效率不高就是因为被一些琐碎的事给拖住了后腿。例如，查尔斯就是曾向柯维博士咨询过的一位老板。

查尔斯是纽约一家电气分公司的经理。他每天都应付上百份的文件，这还不包括临时得到的诸如海外传真送来的最新商业信息。他经常抱怨说自己要再多一双手，再有一个脑袋就好了。他已明显地感到疲于应付，并曾考虑增添助手来帮助自己。可他终于及时刹住了自己的一时妄想，这样做的结果只会让自己的办公桌上多一份报告而已。公司人人都知道权力掌握在他的手里，每一个人都在等着他下达正式指令。查尔斯每天走进办公大楼的时候，他就开始被等在电梯口的职员团团围住，等他走进自己的办公室，已是满头大汗。

实际上，查尔斯自己给自己制造了许多的麻烦。自己既然是公司的最高负责人，那自己的职责只应限于有关公司全局的工作之上，下属各部门本来就应各司其职，以便给他留下足够的时间去考虑公司的发展、年度财政规划、在董事会上的报告、人员的聘任和调动……举重若轻才是管理者正确的工作方式；举轻若重只会让自己越陷越深，把自己的时间和精力浪费于许多毫无价值的决定上面。这样的领导方式，根本无法带动并且推动公司的发展，无法争取年度计划的实现。

查尔斯有一天终于忍受不住了，他终于醒悟过来了，他把所有的人关在电梯外面和自己的办公室外面，把所有无意义的文件抛出窗外。他让他的属下自己拿主意，不要再来烦他。他给秘书作了硬性规定，所有递交上来的报告必须筛选后再送交，不能超过 10 份。刚开始，秘书和所有的属下都不习惯。他们已养成了奉命行事的习惯，而今却要自己对许多事拿主意，他们真的有点不知所措。但这种情况没有持续多久，公司开始有条不紊地运转起来，属下的决定是那样的及时和准确无误，公司没有出现差错。相反地，往往经常性的加班现在却取消了，只因为工作效率因真正各司其职而大幅度提高了。查尔斯有了读小说、看报、喝咖啡、进健身房的时间，他感到惬意极了。他现在才真正体会到自己是公司的经理，而不是凡事包揽的老妈子。

杰克·韦尔奇是简单式效率型管理的倡导者。他认为高度的集权式管理只会让公司的运行减慢。查尔斯以前的领导方式，就是受到了传统集权式管理的负面影响。公司大小权力都集中到自己一个人身上，难怪职员们凡事都要先请示而后行动，主动出击在原则上就是越权，搞不好会弄丢自己的饭碗，谁愿冒这个险？

所幸，查尔斯意识到授权在管理中的重要性，他开始下放自己手中的大部分权力给各主管以及每一个员工，让他们有机会发挥自己的优势，有权力决定自己怎样做才能做得更好，不必千篇一律。授权的结果就是要让下属全都行动起来，充分利用自己手中的权力，完成自己的工作，使之更趋完美。一名高效能人士是不会因为授权而动摇自己的位置，相反他会通过授权使自己的工作趋向于完美。

Part 04

>>>>>>> **让你处处受欢迎的说话习惯**

不揭他人短，给人留台阶

世界上没有十全十美的人，每个人总有自己的弱点、缺点或污点，在谈话时一定要避开对方所忌讳的短处，因为忌讳心理人皆有之。如果在交际场合揭人家短处，轻则遭人冷眼，重则可能引发事端，祸及自身。所以，在人际交往中，应该养成好的用语习惯，不随意揭他人短处。

老任身材高大、外形俊朗，美中不足的是中年微秃。虽然这纯属白玉微瑕，老任却深以为憾。如果有人戏说他"怒发难冲冠"，他准会茶饭无味，三天三夜难以入睡；即使在他面前无意中说"这盏灯怎么突然不亮了"或"今天真是阳光灿烂"等话，这位平素温文尔雅的知识分子也会愤然变色，有时竟至于怒目圆睁，拂袖而去，弄得说话者莫名其妙，十分尴尬。

其实，忌讳心理人皆有之。当过长工、后来揭竿而起并终于称王的陈胜就忌讳别人说他是庄稼汉出身。有几位患难弟兄在陈胜面前不知趣地提起"有损领袖形象"的往事，结果招来杀身之祸。你看，陈胜的忌讳心理是多么强烈，这几位患难弟兄因不谙忌讳之术而丢了脑袋又是多么可悲！

摩洛哥有句俗语叫："言语给人的伤害往往胜于刀伤。"这是实情。同事之间为搞好关系，不要揭人短处。

揭短的言语不论是对人或对事，都会让人受不了的，会使人际关系出现阻碍。同事们宁可离你远远的，免得一不小心被你的直言直语灼伤；即使不能离你远远的，也要想办法把你赶得远远的，眼不见为净，耳不听为静。

一天，在公司的集会中，张先生看到一位女同事穿了一件紧身的新装，与她的胖身材很不相称，便直言直语道："说实话，你的这件衣服虽然很漂亮，但穿在你身上就像给水桶包上了艳丽的布，因为你实在是太胖了！"

女同事瞪了张先生一眼，生气地走开了，从此再也没有理过他。

揭短犹如一把利剑，在伤害别人的同时，也会刺伤自己。

俗话说"打人不打脸，骂人不揭短"。人既是最坚强的，也是最脆弱的。尤其是当一个人觉得他的自尊受到伤害，他将要颜面扫地时，他的潜能就会爆发出来，他会死要面子，死"扛"到底。因此，在说话交谈时，必须注意不能一味地揭他人伤疤。

传说清朝乾隆年间，杭州南屏山净慈寺有一名叫诋毁的和尚。人如其名，这和尚聪明机灵，又心直口快，常常议论天下大事，指点江山、激扬文字，少不了对一些朝政指指点点，而且有什么说什么，想讲就讲，想骂就骂。

后来，乾隆下江南时来到杭州，听说了此人。乾隆心中不悦，暗想：天下竟有如此狂妄之人，我去会会他，只要让我抓住把柄，我就狠狠地治治他。

于是，乾隆便乔装打扮一番，扮作秀才模样来到了净慈寺。

乾隆找到诋毁和尚，相互寒暄一番。忽然，乾隆看见地上有一些劈开的毛竹片，便随手捡起一片问道：

"老师父，这个叫什么呀？"

按照当时的说法，这种竹片叫"篾青"，就是"灭清"的谐音。诋毁刚想回答，觉得有点不对劲，再看看眼前这位秀才，气宇轩昂，不像是个普通的秀才，于是眼珠一转，答道：

"这个我们都叫它竹片。"

乾隆一听，心中赞叹：好个竹片，和尚你有两下子。但乾隆不甘心，随即将竹片翻过来，指着白的一面问：

"老师父，这个又是什么呢？"

"这个嘛……"诋毁心想，若回答"篾黄"又是"灭皇"的谐音，肯定不妥，便改口道："噢，我们管它叫竹肉。"

乾隆又失败了。

从这个小故事中我们可以看出诋毁和尚的机智。其实每个人都一样，如果多注意回避他人忌讳的东西，就能省去很多不必要的麻烦。

凡是弱点、缺点、污点，一切不如别人之处都可能成为忌讳之处。总结起来，有 3 个方面一定要多加注意。

» 丑陋之处

人人都有爱美之心，不幸的丑陋者和残疾者大多有自卑感，不愿听到跟自己的短处有关的话题。谢顶者忌说"亮"、胖子忌说"肥"、矮子忌说"武大郎"、其貌不扬者忌说"丑八怪"、跛子忌说"举足轻重"、驼背忌说"忍辱负重"，等等。这种完全正常的心理应该得到充分理解。

有生理缺陷的人本来就很痛苦，如果再被别人拿来取乐，会给他们造成很大的伤害，这样很容易激怒他们。比如有的人很胖、有的人很瘦、有的很高、有的又很矮、有的人长得很丑，等等。这些本是有目共睹的事实，别人不提也罢，但是如果以讥讽的口气当众指出时，就会使人感到难堪，产生不满。

报上曾有过一则新闻：一位女中学生，只因为有人说了她一声"胖女人"，羞愧之极，竟绝食身亡。

有时候，说话者由于不小心而在言辞中触及他人的生理缺陷，人家虽然当面没对你发火，但心里却在记恨你。

有些人因不明情况而在谈话内容中无意触到对方短处，还情有可原，因为不知者不为罪，可有人偏偏口下无德，爱揭人短处。

这种人，时时处处注意他人的生理短处，拿来取笑，可也要小心自己有把柄被别人抓住，后患无穷。即使伤了别人，对自己也不见得有多少好处，还是少说这类话为佳。

» 失意之处

人生在世，总希望自己能一帆风顺、有所作为，实现人生的价值。但是，月有阴晴圆缺，人难免有失意之处，或高考落榜，或恋爱受挫，或久婚不育，或夫妻反目，或就业不顺利，或职称评不上，诸如此类的失意之处暂时忘却倒也轻松，有人有意无意提起就使人心灰意懒，沮丧不已。万事如意、踌躇满志之人则多以昔日的失意为忌讳，生怕传播开去，有失脸面。

小赵是个热心肠的人，不管是朋友、同事或邻居，谁要是有个三灾四难的，他总是跑在头里，帮人家出主意、想办法，排忧解难，从不计较得失，深受大家好评。但小赵有个缺点，就是爱打老婆。

有一天，邻居有夫妇俩因家庭琐事引发了一场战争，丈夫把妻子打得大哭大叫的，惊动了小赵。小赵虽然自己也打老婆，但他却看不惯别人打老婆。他进屋劝解，让他们夫妻有事好好商量，别采取这种过激的方式。谁知他刚说了两句，那个男邻居就让他走开别管，并说："你自己都管不了自己，还管我们的闲事呀！"这句话一下子触到了小赵的短处，他的脸当场变得通红，要不是在人家屋里，他非揍那个男人不可，他忍了忍回自家屋了。事后，男邻居认识到了那天说的话不妥，上门向小赵道歉，小赵表面上虽然原谅了他，但对那句话一直耿耿于怀。从此，那个邻居家无论有什么事小赵也不搭腔了。

» 痛悔之事

人的一生中免不了要犯这样或那样的错误，而一旦认识错误便会痛悔之至，以后一想起自己曾犯过的错误就自觉脸上无光。犯过品质错误（如曾有偷窃行为或生活作风问题）者更是讳莫如深，如果听到有人说起类似的错误，就会有芒刺在背、无地自容之感。

在人生道路上人人都难免失足、犯错误，只要改了就好。有些问题一旦改正了，成了历史，当事人就不愿意提及这不光彩的一页，更不希望有人拿它当话把儿，到处去说。如果有人拿这些问题做文章，就等于在人家伤口上撒盐，就有损于人家的名誉，这也是不能容忍的。

有一位青年工人，小时候不懂事，曾犯过错误被劳教一年。从此他接受教训，参加工作后，他严格要求自己，积极工作，多次受到表扬，后来当上了车间的一个组长。可是有人不服气、不服管。有一次，小许在工作中私自外出被他发现，便提出批评。小许不服气，揭人家的短说："你是多大个官呀？还想管我？一个解除劳教人员，哼！"要是说别的他也许并不急，可是揭过去的疮疤他就急了，火气十足地说："你再说一遍！""我就说，解除劳教……"没等他说完，组长的拳头就打了上去。

翻人家的污点，触及人家的短处，不管是有意还是无意，对己对人都是不利的，我们在交际时应该注意这一点。

瞅准对象说话

讲话的目的是让别人听，要使人家能听懂、听清、听进去，因此应该注意说话的对象。

每一个人在社会中都扮演一些不同的角色，而不同的角色使人在心理、意识等方面有一些不同的特点，而由此又决定了人们对于语言表达的内容、方式的选择和接受的某些取向。

正因为如此，同一个意思，不同的人可能就会采取不同的表达方式，而我们这里尤其强调的是同样一句话，不同的人听来，会有不同的甚至是截然相反的反应。

这样，说话要看对象就成了口语交际中必然而又重要的要求了。如果忽略了或无视这一要求，就必然会给交际带来不好的影响，甚至还会使交际无法正常进行。

人与人之间的差别是多方面的，就口语表达和接受而言，最大的现实差别主要有以下几个方面，而口语交际中的"不看对象"，也主要表现为对以下一些方面的"不注意"。

» 不注意年龄差异

我们经常可以发现，小孩之间的吵架常常是由于互相诋毁导致的。

"阿军，你为什么又跟小亮打架呢？"妈妈问道。

"谁叫他骂我是个秃子!"阿军愤愤地说。

"你长得真像个包子!"一个小男孩对旁边的女孩说。

女孩马上反驳道:"你以为你长得美呀,哼,芦柴棒一根!"

年龄的不同,会导致听话者对话题反感的程度不同。像小孩,你最好不要指责他;而对于老人,最忌讳提及"死"字。例如,几位年轻工人去看望一位退休多年的老师傅——

"您老身体真硬朗,今年高寿?"

"79岁,快80岁了。"

"好呵,人生七十古来稀,厂里数您最长寿吧?"

"哪里,老宋才是冠军,他活了85岁。可是年岁不饶人,他前不久去世了。"

"哟,这回该轮到您了!"

老师傅一听这话,脸色陡然变了。

不要把听话者一视同仁,你不仅要考虑他的性别,还要考虑他的年龄。

» 不注意语言差异

世界上有许多种语言,受各方面因素的限制,大部分人只能掌握和运用本国或本民族的语言。即使是本国或本民族语言,还存在方言不同的问题。如汉语,使用它的人遍布全国各地,但每个地区都有自己的方言,这给口语交际带来了极大不便。同样的话在不同的地区可能会有不同的意思,所以说,交谈时要注意对象在语言上的差异。

有些人不注意这一点,在不同地域的人面前也用方言,结果闹出笑话,有时候甚至会产生不良后果。

有这样一个笑话，说是有个广州人在北京排队买东西，他对站在最后的一位女青年说："同志，你最美（尾）吧?"中国女子不像某些西方女子那样喜欢人家公开夸她漂亮，特别不喜欢素不相识的异性同她搭讪或夸她漂亮，结果，那个女青年白了他一眼。那个广州男子见她不出声，就顺口又说一句："我爱（挨）你站着!"这一下可把那个女青年惹火了，劈头盖脸就骂："你这个人怎么回事，想要流氓吗? 大白天的，又不认识你，什么'美'呀!'爱'呀! 想到派出所去是不是……"那个广州人挨了一顿骂，有口说不清。后来，一位到过广州的女同志才给那个女青年解释清楚了。原来那个广州人说的是："同志，你排的是最后一个吧?"他把"最后"说成"最尾"，"尾"字和"美"字，广州人用普通话表达不容易分得清; 同样，"挨"和"爱"字也容易混淆。我们国家疆土辽阔，文字同而言语异，这不仅影响了社会交际，而且每每闹些误会，令人啼笑皆非。上述故事正反映了这种现实。

可见，进行口语交际时，如果不注意交际对象在语言上的差异是会妨碍交际的。

» 不注意文化层次差异

一位大学毕业生分到一家厂子工作，起初感觉不错，但没过几个月，发现车间主任对他越来越冷淡了，他很迷惑。后经一位好心师傅指点他才恍然大悟，原来他在学校待惯了，说话爱用些术语，像什么"最优化方案""程序化""目标管理"等，而车间主任只上过技校，最烦别人在他面前咬文嚼字、卖弄学识。

到什么山上唱什么歌，当你与不同层次的听话者说话时，你就必须用他所具有的文化水平说话。一般来说，文化层次越高的人越喜欢用一些典雅的言辞。

» 不注意风俗习惯的差异

由于人们所处的地域不同，所以形成了不同的风俗习惯。不同的交谈对象可能会有不同的风俗习惯。如果不注意交谈对象的风俗习惯，也可能会造成失误，影响交际。

不久前，一位美国生意人来到一家公司洽谈生意。美国客商刚走下小车，公司经理迎了上去，一句生硬的英语脱口而出："you had breakfast yet？"（您吃过早饭了吗？）

经理这一问可把美国客商问懵了，他看了看周围的人，又拿出表看时间，很是莫名其妙。他问身边陪同的翻译人员："这家公司的先生没有邀请我吃饭呀！现在都10点钟了，还没吃早饭吗？"这位翻译员突然省悟过来，连忙解释，才避免了一场误会。

原来，在西方国家，如果你问对方吃过饭没有，对方会以为你想邀请他们就餐或吃点东西。假如对方回答"还没有吃过"，你又不发出邀请，对方则会认为你要弄他们。前面经理的"您吃过早饭了吗"本来是一句典型的中国客套话，可是外商理解不了，险些造成误会。

此例告诉我们，说话要注意区分对象，注意交际中的习俗，即使客套话也不例外。

» 不注意心理因素

人们由于性别、年龄、经历等方面不同，造成人与人之间的心理差异。例如，有人性格开朗，有人性格内向；有人是多血质，有人是抑郁质；有人爱好玩乐，有人爱好学习……这些都表现出人与人之间的心理差异。交谈时如果不注意这一点，也容易出问题。

切忌"哪壶不开提哪壶"。这是一句老话，指的是在交际中，一方提到了另一方最不想提的话题。而在日常的口语交际中，这样的人确实有不少。

某学校分配住房，一位青年教师"谎报军情"，本来没有登记结婚，填表时却写上已登记，结果取得了分房排队的资格。

到分房子的时候，排在他后边的人揭穿了他，使他当场被宣布取消了分房资格。

当天，这件事情就传开了，很多人都知道了。这天晚上，这位青年教师的一位同事遇到他，关切地问了一句："听说你这次分房遇到了点儿麻烦？"

要说这句问话也算得上"委婉"了，因为并没有直接说出"作弊"之类的话，而只是说"麻烦"。可无论如何，这样的问话毫无疑问是有害而无利的，只能使对方陷入尴尬甚至痛苦的境地，并由此而不悦、上火、生气。

因此，"哪壶不开提哪壶"是极不明智的，尽管你的出发点可能并不坏，但是绝对不会有好的效果。

像遇到上边那种情况，比较合适的做法是说点儿别的什么，甚至于什么也别说，点个头、打个招呼也就可以了。

跟得意人谈你的失意事，他至多做表面功夫，绝不会表示真实的同情，有时也许会引起误会，以为你是请求帮助，他会预先防备，使你无法久谈。所以要诉苦应向"同病"的人去诉苦，同病自会相怜，可得到精神上的安慰，可以稍解胸中不平之气。你要谈得意事，应该向得意的人去谈，你捧他，志同道合。若你涵养功夫不够，稍有得意事便要逢人告诉、自鸣得意，结果让人骂你小人得志、笑你沾沾自喜，也许无意中引起别人的妒忌。另外，偶有不如意事，你觉得抑郁牢骚，有如骨鲠在喉，总想一吐为快，最好的办法是：得意事要放在肚里，失意事也要放在肚里，不要随便对人乱说。

总而言之，你说话先要看准对方，他是愿意和你说话的人吗？如果不是，还是不说话为妙；这个时候，是你说话的时候吗？如果不是时候，还是沉默的好。说话的成功与失败与时机有关系，多说话未必当你是能干；少说话未必当你是呆子。

用恰当的方式说恰当的话

在交际中，如果不注意说话方式，所用的说话方式不恰当，对方就会据此理解你的语意。当出现理解上的歧义时，就有可能造成不良后果，从而影响正常交际，违背表达者的初衷。

讽刺、挖苦是一种有强烈刺激作用的表达方式。它往往是以嘲笑的口吻说出对方的缺点、不足之处，使人当众丢丑，难以忍受，轻则导致对方反唇相讥，重则大打出手，造成很恶劣的后果。

某主任如此议论他的下属："黄×那个人这辈子算是白来了，堂堂大学毕业生，找不上一个老婆，姑娘们见面就摇头。他写的那个文章，就像小学生作文，前言不搭后语，字还没有蜘蛛爬得好。我要是他，早找根草绳上吊了……"

黄×后来听到这些议论，索性在工作时一字不写，利用业余时间写小说、写报告文学。

作为工作中的上级和情感上的朋友，看到下级及朋友身上存在缺点和不足，应该正面指出来，指导他、帮助他，促使他前进，而不应该取笑他。那些总是取笑别人的人往往缺乏自信心，对前途有一种恐惧感，害怕别人看不起自己，因而借取笑别人来释放心中的压抑，试图改善自身的形象。岂不知，这样做恰恰破坏了自我形象，引起他人的反感与对立。

因此，讽刺、挖苦的表达方式绝不可轻易使用。那种粗俗谩骂的说话方式也应该予以摒弃。

说话要讲究文明礼貌，这是最起码的要求。口语交际中，说话粗俗不雅、满口脏话，甚至谩骂、恶语伤人等不文明谈吐，是对他人的侮辱，是令人难以忍受的。这种说话方式往往造成不愉快的结果，影响交际，破坏风尚。

比如，在交际中发生了矛盾。有人在气急的情况下，常常骂人，口吐脏话，如"你这是胡说八道""你放屁""你是什么东西"等等。不管在什么情况下，这样的谩骂都是无礼的行为，都易激怒人，是不良的说话习惯。

还有一种情况，就是有的人说话爱带"话把儿"，比如"他×的"等，而且形成了不良习惯，成了口头禅。在他们看来是无意的，可是别人听来就很刺耳，就难以容忍，极易做出强烈的反应。

从表达的语气语调来看，说话方式还有刚柔软硬之分。一般情况下，柔言谈吐、语气温和、用词恰当，如和风细雨，听来亲切，易于被人接受，产生好感。即便是在内容上有违对方的意思，也不至于当场把对方得罪。相反，刚烈之言、语气生硬、高声大嗓，如同斥责训教，听来刺耳，使人感到难受、反感，有时甚至说话的内容并无问题，但就因使用了这种刺激人的说话方式，仍然会使人生气、发火，得罪人。

对于一个不同意自己观点的辩论对手，如果说："你这个人不可理喻！"对方必然要做出强烈的反应。

当自己的意见不被对方理解时，就生气地说："和你说话，简直是对牛弹琴！"对方会感到是一种侮辱，并与你对抗。

某人要外出，找人代买张车票，他硬邦邦地说："你给我带回一张车票，送到我家去，我要出差，听见了吗？"对方听了这口气，心里会痛快吗？他可能一句话就顶回来："对不起，我今天没有空儿。"

对一个在工作上信心不足的人，同事恨铁不成钢地说："你也太不像话了，人家能做到你为什么就做不到？你也太不争气了！"他马上会不满地接话说："你算老几呀？用你来教训我！"说完拂袖而去。

类似的生硬说法都会在不同程度上得罪人。

生硬话、愤怒话，大多是顺口而出的，没有经过推敲，因而有失分寸是很自然的事。这种语言又多是"言出怒出"，它如同烈火一般，常常起到破坏作用。

每个人都有很强的"自我意识"。在说服对方的过程中，为了不伤害对方的自尊心，就应尊重对方的"自我意识"。

很早以前就听说过，设计相同、质地相同的高级女服，价格越贵越容易销售。一家服饰店的老板讲了这样一件事：有一次，店中刚雇用不久的店员对一位正在挑选西装的顾客劝说道："这边是比较便宜的！"结果这位顾客突然大怒，当老板慌忙跑来之后，她又气势汹汹地说道："什么比较便宜？我又不是没钱，你太没礼貌了！"后来老板赶紧连声道歉才算了事。

这种情况不仅限于商业中，在我们与他人交流的过程中，常常因为没有考虑到对方的自尊心、虚荣心，使用了不慎重的态度或语言而导致失败。尤其是说服自尊心、虚荣心强的人时，这种情况便会成为必然。因此，说话就必须注意不伤害对方的自尊心、虚荣心，而应照顾到对方的强烈的"自我意识"，使他接受你的观点。

我们在交谈时常常会犯这样一个错误，就是当发现对方有明显的错误时，会不客气地批评对方说："那是错的，任何人都会认为那是错的!"这样一来，对方的自尊心会受到伤害，而突然陷入沉默。

批评是我们常要做的事，尤其当你是一位长辈或领导时。但我们有些人批评起来简直让他人无地自容，下不了台阶。其实，这种批评方式不但无法达到让他人改正错误的目的，而且有碍于你的人际关系。既然如此，为何还要使用这种"残酷"的手段呢? 在生活和工作中，我们不可能没有批评，但要学会巧妙地批评，让他人既意识到自己的错误，并尽快改正，同时也理解你善意批评的意图，使他对你心存感激。或者批评之前先总结一下他人的优点，然后慢慢引入缺点。在他人尝到苦味之前，先让他吃点甜味，再尝这种苦味时就会好受些。

约翰找了一个就是奉承也无法说漂亮的女士为妻，可是几个月之后，他妻子却变得像"窈窕淑女"一般的美丽，简直是判若两人。

这位女士在结婚之前，不知为什么对自己的容貌有强烈的自卑感，因此很少打扮。当时因为是大战刚结束，物资极端贫乏，人们的穿着都很普通。当然，她也太不讲究了。不，不是不讲究，而是认识出现了偏差，认定自己不适合打扮。她有一个非常漂亮的姐姐，这也使她产生了强烈的自卑感。每当有人建议她"你的发型应该……"时，她都怒气冲冲地说："不用你管，反正我怎么打扮也不如姐姐漂亮。"她把自己的容貌未得到赞美的不满情绪转嫁到不打扮这一理由上,并且加以合理化。

到底约翰是怎样说服他的太太,使她发生变化的呢?据他自己所说,当他的太太穿不适合她的衣服时,他什么也不说,但是,当她穿上适合她的衣服时,他便夸奖说"真漂亮";发型、饰物也是如此。慢慢地,她对打扮有了信心,对于容貌所产生的自卑感自然也消除得无影无踪了。

间接指出别人的不足,要比直接说出口来得温和,且不会引起别人反感。不管说话目的是什么,我们都应该采取委婉的方式,这样效果会好很多。

开玩笑不能越过底线

开玩笑是生活的调味品。开玩笑可以减轻疲劳、调节气氛,缩短和朋友、同事之间的距离;彼此之间产生矛盾时,一句玩笑话可以化干戈为玉帛,消除积怨;开玩笑也可以用作善意的批评或用来拒绝某人的要求。

但开玩笑要把握尺度、掌握分寸,若玩笑开得过火,会给人一种被耍弄的感觉;弄不好"说者无意,听者有心",会加深或引发与他人的矛盾。

爱说笑的人一般都心怀善意,他们想做的只不过是要多给人增加一份快乐而已。但无论如何,玩笑话有伤人的可能,其界限是耐人寻味的。必须随时记住,开玩笑和言语诙谐会有伤人的危险,要小心翼翼不能踏错一步,否则真是得不偿失。

万一说了伤人的话,一定要诚心诚意地道歉,不能就此放任不管。

开玩笑要注意对象,大大咧咧的人可以经常和他开个玩笑;和过于严肃、喜欢安静的人开玩笑就要轻一些。开玩笑还应注意内容,不能太庸俗、太低级下流,这样会有损于你的形象;也不能拿同事的生理缺陷或隐私当作笑料,因为有些人最害怕别人揭自己的伤疤,一旦有人冒犯他,他的自尊心会让他产生很不理智的行为,生活中这类事情时有发生。

每个人都有自己的隐私,而且每个人都不允许别人触及自己的隐私,当然更不允许别人拿自己的隐私开玩笑。如果谁在开玩笑时违反了这一游戏规则,谁就会变成一个不受欢迎的人。

一天,几个同事在办公室聊天,其中有一位胡小姐配了一副眼镜,于是拿出来让大家看看她戴眼镜好不好看。大家不愿扫她的兴,都说很不错。这件事使老常想起一个笑话,他就立刻说出来了:"有一个老小姐走进皮鞋店,试穿了好几双鞋子都不满意。当鞋店老板蹲下来替她量脚的尺寸时,这位老小姐——我们要知道,她是近视眼,一看到店老板光秃秃的头,以为是她自己的膝盖露出来了,连忙用裙子将它盖住。她立刻听到一声闷叫声,'混蛋,'店老板叫道,'保险丝又断了!'"

接着是一片哄笑声。孰料事后竟从未见到胡小姐戴过眼镜,而且碰到老常再也不和他打一声招呼。

其中的原因不难明白。说者无心,听者有意,在老常想来不过是说了一则近视眼的笑话,然而胡小姐则可能这样想:你取笑我戴眼镜不要紧,还影射我是个老小姐。我老吗?我才 26 岁!

所以,说笑话要先看看对哪些人说,先想想会不会引起别人误会。

开玩笑之前,先要注意你所选择的对象是否能受得起你的玩笑,一般人可分为3类：第一种，狡黠聪明；第二种，敦厚诚实；第三种，则介乎前两种之间。对第一种人开玩笑，他是不会使你占便宜的，结果是旗鼓相当，不分高下。第二种敦厚诚实者，喜欢和大家一齐笑，任你如何取笑他，他脾气绝好，不致动怒。对这两种人，你可以先看看对方当时的情形，能否可以开玩笑。而第三种人你要小心，这种人一般也爱和别人笑在一起，但一经别人取笑时，既无立刻还击的聪明机智，又无接纳别人玩笑的度量，如果是男的则变得恼羞成怒、反目不悦，如果是女的就独自痛哭一顿，说是受人欺侮。所以开玩笑之前，要先认清对方是哪一类人。

另外，开玩笑要有轻有重，"重"的玩笑多半是开不得的，它只能在比较特殊的场合开。若在一般场合开比较"重"的玩笑，可能就不再可笑了，甚至会变成悲剧。朋友聚会，为了活跃气氛，应该选择一些比较轻松的玩笑开，如果不是特殊需要，切不可开比较"重"的玩笑。

据某报刊载：张某和几个朋友一起喝酒，几杯酒下肚后，张某的脑袋就有些昏昏沉沉了。两位朋友边喝边和他开玩笑："瞧你这丑样，你那儿子倒很漂亮，莫不是你媳妇跟别人生的？"张某是个小心眼的人，平时也爱丢三落四，但此时却牢牢记住了这句开玩笑的话。等张某跌跌撞撞回家后，就向妻子找茬儿："你说！我长的是啥样，为什么这孩子却是那模样？到底是不是和我生的？"他边说边逼近妻子。突然，他冷不防从妻子怀里抓过孩子，拎着小腿把孩子扔到炕上，又顺手抓起枕头压在了哭叫不已的孩子的脸上，可怜的孩子顿时没有了哭声。见此情景，妻子极力想救孩子，却被丈夫打倒在炉灶前。妻子急恨交加，顺手抓起炉灶旁边的炉钩，死命地甩向张某。只听张某

"哎呀"一声，松开了枕头，慢慢地瘫倒在地上。妻子从地上爬起来，不顾一切地向儿子扑了过去。她急忙掀去枕头，儿子的小脸儿憋得青紫，已经奄奄一息了。再看丈夫，他倒伏在地上，一动不动，一股青紫色的液体顺着他的右腮淌下，原来她甩过去的炉钩的尖端，刚好嵌进张某的右边太阳穴。她见状吓得昏了过去。

一边是只剩下一口气的宝贝儿子，一边是一口气也没有的丈夫。好端端的一家人家破人亡，毁于一瞬。

看来，开玩笑之前，务必要考虑这个玩笑带来的后果，不该开的绝不要随便开。有时开玩笑还要考虑到自己的特殊身份及开玩笑的对象，不然也会发生意外，这是应该引起我们注意的。

总之，开玩笑不能过分，尤其要分清场合和对象。开玩笑的忌讳主要有以下几点：

和长辈、晚辈开玩笑忌轻佻放肆，特别应忌谈男女情事。几辈同堂时的玩笑要高雅、机智、幽默、解颐助兴、乐在其中。在这种场合忌谈男女风流韵事。当同辈人开这方面玩笑时，自己以长辈或晚辈身份在场时，最好不要掺言，只若无其事地旁听就是。

和非血缘关系的异性单独相处时忌开玩笑（夫妻自然除外），哪怕是开正经的玩笑也往往会引起对方反感，或者会引起旁人的猜测非议。要注意保持适当的距离；当然，也不能拘谨别扭。

和残疾人开玩笑，注意避讳。人人都怕别人用自己的短处开玩笑，残疾人尤其如此。俗话说，不要当着和尚骂秃子，癞子面前不谈灯泡。

朋友陪客时，忌和朋友开玩笑。人家已有共同的话题，已经形成和谐融洽的气氛，如果你突然介入与之开玩笑，转移人家的注意力，打断人家的话题、破坏谈话的雅兴，朋友会认为你扫他面子。

挖掉语言的肿瘤——口头禅

本来很好的语言，如果加入许多口头禅，会像玻璃被蒙上一层灰一样，大大减少它原有的光彩。

有人喜欢在谈话中用太多不相干、不必要的口头禅。例如，什么地方都加上一句"自然啦"或"当然啦"这类的词句；有人喜欢加太多的"坦白说""老实说"；有的人总喜欢问别人"你明白吗""你听清楚了吗"；有的人喜欢说"你说是不是""你觉得怎么样"；也有些人习惯性地在每一句话的语尾加一句"我给你讲""你说可笑不可笑"。像这一类的小毛病可能你自己平时一点也不注意，要问一问你的朋友们，请他们替你注意一下，有则改之。

在我们平常与人讲话或听人讲话时，经常可以听到"那个""你知道""他说""我说"之类的词语，如果你在说话中反复不断地使用这些词语，那就是口头禅。口头禅的种类繁多，即使是一些伟大的政治家在电视访谈中也会出现这种毛病。

有时，我们在谈话中还可以听到不断的"啊""呃"等声音，这也会变成一种口头禅，请记住奥利佛·霍姆斯的忠告——切勿在谈话中散布那些可怕的"呃"音。如果你有录音机，不妨将自己打电话时的声音录下来，听听自己是否有这一毛病。一旦弄清自己的毛病，那么在以后与人讲话的过程中就要时时提醒自己注意这一点。当你发现他人使用口头禅时，你会发觉这些词语是多么令人烦躁、多么单调乏味。

如果你是管理者，说话更要干净、利落、文雅，这不仅是交际的需要，也是培养个人良好的谈话修养的要求。因此，管理者讲话最忌带不文雅的口头禅。口头禅是一种不良的语言习惯，它有失管理者的风度，所以必须坚决戒除。

有的人讲起话来满口"这个""那个""嗯""啊"，这种口头禅纯属无病呻吟，往往把语句肢解得支离破碎，使语言显得拖沓、紊乱、不流畅，令人生厌。

有的管理者说话时经常使用如"他×的"或者更为粗俗、不堪入耳的语言，这种口头禅给人粗野鄙俗、低级下流之感，会给人留下极为恶劣的印象，这不仅降低了管理者本人的身份和品位，还会使人大生反感。这些应该下功夫快快戒除。

有些管理者在与人交谈之中经常使用如"你知道吗""我告诉你说""我跟你讲""你明白吗""是不是啊"，等等。它们往往只是说话的一种语言习惯，在句子里没有实际意义，却反复出现。这种口头禅给人一种自以为是、盛气凌人、居高临下、轻视对方的感觉，使听者心理上产生不舒服的感觉。

口头禅大多在无意识中不自觉地形成，它反映了管理者身上某些修养的欠缺，有的较明显，有的则从微妙的细节中体现出来。由于管理者出于工作和社交的需要要经常与人交谈，所以要想给人留下彬彬有礼、谦逊而干练的美好印象，必须戒掉不良口头禅。

演讲要引起听众注意，求得听众的共鸣，最重要的是语言字字闪光、句句有力。当然不能像机关枪，"扫射"得听众眼冒金星、丈二金刚摸不到头脑，但也不能言语拖沓、表达紊乱，让口头禅充斥全篇。

演讲中常见的口头禅有"好像""也许""说不定""大概""大

约""或许是""反正""太那个了""怎么说呢""这个""那个""那么""就是""是不是""对不对""嗯""啊""吧""好吗""行吗"等，这些口头禅会影响听众的情绪，削弱演讲的效果。因为口头禅会使个别语句反复出现，破坏语言结构，使语言断断续续，前后不贯通。每一次口头禅的出现，等于一次切割，把整个演讲切得支离破碎，给人一种断续、离散之感。口头禅是一种相似的言语模式，听来平淡、枯燥。有人把口头禅比喻为"语言的肿瘤"是很有道理的。

查尔斯·罗勃兹是纽约市颇有威望的投资顾问。他的创业史很曲折。每每回忆过去时，他总是提及过去对口才表达的不重视。他很喜欢说"也许"，正是这个随意说出的口头禅在生意上很多次使他坐失良机。

美国前副总统休伯特·汉弗莱很喜欢使用"我认为"这句口头禅，有时一段短短的话语中竟出现几次，所以听众很讨厌听他的演讲。

有人特别爱用某一个词来表达很多的意思，不管这个词本身有没有那么多的含义。例如，有人喜欢用"伟大"这个词，于是在他的话中什么都"伟大"了起来："你真太伟大了！""这文章太伟大了！""今天吃了一餐伟大的午饭！""这批货物卖了一个伟大的价钱！"最妙的是有人喜欢用"那个"代表一切的形容词，你听他说的是些什么意思吧："今天太那个了！""他这个人很那个，是不是？""我觉得这点事未免有点儿那个。"这一类的毛病大概是由于太偷懒，不肯去动脑筋找一个恰当的词。要多记一些词语，才能生动而恰当地表达你的思想。

口才好的人说的话精确而细腻，丰富而活泼，而不是来来回回嚼着一个词。那些使人觉得累赘至极的口头禅尽量早日消除为好。

男人和女人，赞美有"性"别

人人都渴望被别人赞美，但男人和女人的需要是不同的。

男人多表现在追逐功名、显示能力、展示个性以显潇洒和能人之形象方面，而女人则表现在对容貌、衣着的刻意追求或身边伴个白马王子以示魅力方面。

男人为了面子可以大动干戈；女人为了面子可能会大喊大叫或者在家里痛哭。

男人的面子千万不要去伤害、破坏，否则便万事皆休——友谊中断、恋爱告吹、生意不成、升官无望、职称泡汤。

因此赞美他人时也要见什么人说什么话。

比如，赞美一个女人漂亮就大有学问。对于容貌绝佳的女性，她已习惯了别人的赞叹，不妨用些新颖的方式，如用比喻去赞美她；对于一个明显较丑的女性，如果你虚假地夸赞她的容貌，她会认为你在讥讽她，而引起她的反感，你最好是去发掘她的气质、能力或性格；而普通的女性是最需要赞美的，因为她身上也有美，并且也最向往美，最渴望被人肯定。

你可以赞美女人的修养。有许多女人虽然长得漂亮，但是缺乏修养、没有内涵，稍一相处，便会让人感到俗不可耐。因而，花瓶式的女人虽然可赢得一时的赞美，却不能使男人长久地爱慕她，更无法获得男士的尊敬。而一种好的气质，则可以使一位非常普通的女人变得十分迷人，令人心驰神往。因为一个人的修养是一种内在美、精神美、升华美，它可以永久地征服一个男人的心。

作为男人更要会赞美女人。能够做到张口也赞闭口也赞，这样你才能在女人面前受欢迎，魅力无穷。

男人赞美女人是对女人价值的肯定，更是对女人魅力的一种欣赏。在男人眼里，女人身上总有美丽动人之处，或是皮肤细腻，或是身材苗条，或是眉目含情，或是穿着得体。所以你一定要善于去发现、去捕捉她的美。许多女人都会对自己的缺憾有所了解，但她们却更了解自己的最动人之处，只要你能慧眼独具，赞美得体，你一定会博得她的赏识与青睐。

现在注重个性，夸赞一个女人有个性已成了一种时尚。固执的性格可当此人有个性来赞美，孤傲的性格也可以用有个性来赞美，像男人一样不拘小节，有些泼辣的女性也能用有个性来赞美。只要是稍稍区别于大众的性格，你用个性二字来赞美她，无论是哪种女性，她都会觉得你这个人很有品位。

最后，谈一谈女人的能力。现代社会，在各种职业中女人都表现出了她们非凡的能力。她们不仅能把自己分内的事完成得十分得体，还会凭她们细心的洞察力去发现工作中出现的问题，把各部门的事情都安排得十分妥当，有时工作能力大大地超越了男性。而女人在取得很大的成就时，她是需要被这个社会所肯定的。她们希望这个社会能认同自己，肯定自己的能力，也希望在男人眼中她们不再是处处依附于男人的人，而是能够独当一面，把事情处理得完美无瑕有能力的人。于是，她们需要男人的赞美，希望自己所做到的，能够得到男人的认同与赏识。如果你是她的老板、上司，或是同事，你可千万别忽视她的业绩，常常激励她、赞美她，换取她更大的工作积极性吧。

除此之外，生活中女人们的能力也值得你赞美。日常家务，如烧饭做菜、收拾房间、照顾孩子，这些虽是一些细小的事情，但却能表现出女人的动手能力、审美能力、教育能力。只要你在日常生活中也不忘记赞美一下女性，你定会得到女性们一致的好评。

最后要记住的是，女人喜欢甜言蜜语，但并非是喜欢太过花哨的话，所以赞美她时多用些实际的语言，不用刻意去修饰，不然会让人觉得你很肤浅。

人们都说女人是用耳朵来生活的，赞美是女人生命中的阳光。其实男人也一样，他们一样喜欢听到他人对自己的肯定和赞美，因为这会让他们有一种价值感，并由此充满自信。可以说，恰到好处的赞美是打在男人身上的一剂强心剂。你可以从以下几个方面来打造对男人的赞美之词。

» 赞美他是成功的男人

由于传统社会对男性角色的定位——挑家立业者，使男人非常在乎自己在别人心目中的形象，任何人对他的工作做出的评价都会让他反应敏感。因此，无论男人从事的是怎样的工作，他都希望能得到别人的认同。

不过你得注意，不管一个男人有多成功、多得意，他内心深处最渴望的还是别人的理解和关怀。一般的理解和关怀都是无可厚非的，可一定要注意把握"度"的原则。过犹不及，说得太夸张、太过分、太直白，就会被人当成追逐名利、爱慕虚荣的女人，会成为男人心底讨厌的势利女人。因此，即使是赞美也要掌握分寸。通常从以下几个方面入手来赞美男人，是比较容易被接受，而且会收到预期效果的。

首先，在赞美男人的同时注意表达关心与体贴。关心与体贴是女人善良天性的表现，也是女人细腻温柔的体现。女人的关心，有如吹面而过的柔和的春风，又如沁人心脾的淡淡花香，会在不知不觉中悄悄渗入男人的心灵之中，融入他们的心怀。男人们最喜欢的是那种会关心、会体贴、善解人意的女人，女人的关心和温柔会让男人从心底感激她。以前，曾有人这样赞美过别人。

"张老师，您那本书写得真好，没少花工夫吧？您可得注意休息了，瞧您现在比以前瘦多了。"

"刘总，这么大的工程，您一个人给搞定了，可真了不起！不过您可要注意身体呀，别光为了工作累坏了自己。"

这些又温馨又充满敬仰与关切的语句，怎么能让男人不动心、不从心底感激、不视此人为自己的好友呢？

其次，在赞美男人的时候，恰当地表达出崇拜的思想。不管男人还是女人，都希望有人崇拜自己，都希望被人用尊敬、仰视的眼光看待，这也是人之常情。被人崇拜是无法拒绝的，被人崇拜意味着对"自我"的肯定，是一种人生价值的体现。对一个春风得意的人来说，他最自豪的是"自我"，也就是他的成功之源。

最后，别忘了在赞美的同时予以鼓励。一个女人鼓励一个男士，既是对他过去的肯定，对他以前创业生涯的一种肯定，又是对他未来充满信心的一种表现。人在任何情况下都是希望有支持和鼓励的，人不仅需要对自己有信心，更需要别人对自己有信心。现代社会，竞争激烈，压力大，成功是需要付出很大代价的。一个成功的、春风得意的男士，即使在一定程度上达到了自我价值的展现，也还是需要鼓励的，尤其需要别人对他有信心。

还有一些男士，春风得意的时候，往往会在别人的一片颂扬声中沾沾自喜、自高自大、忘乎所以，而女性的委婉的激励，有时就像一剂良药，会给头昏脑热的春风得意者一点不露痕迹的提醒，进一步激发起他的冷静和投入下一次竞争的热情。

» 赞美他是一位绅士

所谓风度，是男人在言谈举止中透出的一种味道。不要以为男人真的是散漫随意、潇洒不羁，其实他们是很在乎别人对自己举止的评价的。曾经有一位女友说起她和男友分手的原因，只因为她在一次朋友聚会上调侃了男友的局促，就大大伤了对方的自尊心，扔了句："既然你认为我没风度，那么分开好了。"

事实也如此，行动比语言更有说服力，只有当女方对对方的举止言谈很满意、很欣赏时，女方才会爱上他。而在这方面赞美男人的聪明之道，也是拿他和别的男人比较，表现出你的欣赏。一位范先生说："有一次，我和女友乘出租车，下车后我替她打开车门，她很高兴，说她以前遇到的男人从不知道什么是绅士风度。这句话极大地满足了我的自尊心，也让我觉得自己是个很受欢迎的男人。"

» 赞美下他仪表堂堂

许多男性承认，他们在关注女人闭月羞花之貌的同时，也希望自己貌比潘安。但是同样因为社会角色的定位，男人特别害怕女人把他们当作绣花枕头，因而他们对女人对他们外在形象的夸赞是特别敏感的。让女人兴奋的"你长得真漂亮""你穿得真好看"之类的话，会让男人觉得特别不舒服，按他们的理解，这里面透着一种嘲讽，好像说："你有些娘娘腔，你怎么像女人一样爱打扮。"

所以说，要真的想对男人表达你对他外形的欣赏，还需审时度势。但你可以对他的某个部位做出较高的评价，例如，你的鼻子好有个性等。

另外，在赞美一个男士的时候，有一点特别忌讳的是，当着这位男士的面大肆指责他的竞争对手，这样做也许当时能让这位春风得意的男士十分高兴，但过后他就会清楚地意识到这种以贬低一个人来衬托另一个人的手法是多么的笨拙，并且让人感到的只是巴结和恭维。所以，建议那些想要锦上添花的朋友，一定注意，添花要小心，要把握好分寸，不要搞出笑话来，以免遭人反感。

以"第三者"的口吻赞美

俗话说："雾里看花花更美。"赞美之词未必要从你嘴里说出来，可以以第三者的名义。比如，若当着面直接对对方说"你看来还那么年轻"之类的话，不免有点恭维、奉承之嫌。如果换个方法说："你真是漂亮，难怪某某一直说你看上去总是那么年轻！"可想而知，对方必然会很高兴，而且没有阿谀之嫌。

在一般人的观念中，总认为"第三者"所说的话是比较公正、实在的。因此，以"第三者"的口吻来赞美，更能得到对方的好感和信任。

1997 年，金庸与日本文化名人池田大作展开一次对话，对话的内容后来辑录成书出版。在对话刚开始时，金庸表示了谦虚的态度，说："我虽然与会长（指池田）过去对话过的世界知名人士不是同一个水平，但我很高兴尽我所能与会长对话。"池田大作听罢赶紧说："您太谦虚了。您的谦虚让我深感先生的'大人之风'。在您的 72 年的人生中，这种'大人之风'是一以贯之的，您的每一个脚印都值得我们铭记和追念。"池田说着请金庸用茶，然后又接着说："正如大家所说'有中国人之处，必有金庸之作'，先生享有如此盛名，足见您当之无愧是中国文学的巨匠，是处于亚洲巅峰的文豪。而且您又是世界'繁荣与和平'的香港舆论界的旗手，正是名副其实的'笔的战士'。《春秋·左传》有云：'太上有立德，其次有立功，其次有立言，是之谓三不朽。'在我看来，只有先生您所构建过的众多精神之价值才是真正属于'不朽'的。"

在这里，池田大作主要采用了"借用他人之口予以评价"的赞美方式，无论是"有中国人之处，必有金庸之作"，还是"笔的战士""太上……三不朽"等，都是舆论界或经典著作中的言论，借助这些言论来赞美金庸，既不失公允，又能恰到好处地给对方以满足。

假借别人之口来赞美一个人，可以避免因直接恭维对方而导致的吹捧之嫌，还可以让对方感觉到他所拥有的赞美者为数众多，从而心里获得极大的满足。在生活中，要善于借用他人，特别是权威人士的言论来赞美对方，借此达到间接赞美他人的目的。权威人士的评价往往最具说服力，因此，引用权威言论来赞美对方是最让对方感到骄傲与自豪的，如果没有权威人士的言论可以借用，借用他人的言论也会收到不错的效果。

多在背后说他好

世上背后道人闲话的人不少，大家都很清楚，被说之人一旦知道便会火冒三丈，轻则与闲话者绝交，重则找闲话者当面算账。因此，人们都以此为戒，不要犯背后说他人闲话的忌讳。但是，背后说人优点却有佳效。

《红楼梦》中有这么一段描写：史湘云、薛宝钗劝贾宝玉做官为宦，贾宝玉大为反感，对着史湘云和袭人赞美林黛玉说："林姑娘从来没有说过这些混账话！要是她说这些混账话，我早和她生分了。"

凑巧这时黛玉正来到窗外，无意中听见贾宝玉说自己的好话，"不觉又惊又喜，又悲又叹"。结果宝黛两人互诉肺腑，感情大增。

在林黛玉看来，宝玉在湘云、宝钗、自己三人中只赞美自己，而且不知道自己会听到，这种好话就不但是难得的，还是无意的。倘若宝玉当着黛玉的面说这番话，好猜疑、好使小性子的林黛玉可能就认为宝玉是在打趣她或想讨好她。

背后说别人的好话，远比当面恭维别人或说别人的好话效果要明显好得多。不用担心，我们在背后说他人的好话是很容易就会传到对方耳朵里去的。

赞美一个人，当面说和背后说所起到的效果是很不一样的。如果我们当面说人家的好话，对方会以为我们可能是在奉承他、讨好他。当我们的好话是在背后说时，人家会认为我们是出于真诚的，是真心说他的好话，人家才会领情，并感激我们。假如我们当着上司和同事的面说上司的好话，同事们会说我们是在讨好上司、拍上司的马屁，从而容易招致周围同事的轻蔑。另外，这种正面的歌功颂德所产生的效果是很小的，甚至还会有起到反效果的危险。同时，上司脸上可能也挂不住，会说我们不真诚。与其如此，还不如在上司不在场时，大力地"吹捧一番"。而我们说的这些好话，最终有一天会传到上司耳中的。

有一位员工与同事们闲谈时，随意说了上司几句好话："梁经理这人真不错，处事比较公正，对我的帮助很大，能够为这样的人做事真是一种幸运。"这几句话很快就传到了梁经理的耳朵里，梁经理心里不由得有些欣慰和感激。而那位员工的形象，也在梁经理心里上升了。就连那些"传播者"在传达时，也忍不住对那位员工夸赞一番：这个人心胸开阔、人格高尚，难得！

在日常生活中，背着他人赞美他往往比当面赞美更让人觉得可信。因为你对着一个不相干的人赞美他人，一传十，十传百，你的赞美迟早会传到被赞美者的耳朵里。这样，你赞美的目的也就达到了。

在日常生活中，如果我们想赞扬一个人，不便对他当面说出或没有机会向他说出时，可以在他的朋友或同事面前适时地赞扬一番。

据国外心理学家调查，背后赞美的作用绝不比当面赞扬差。此外，若直接赞美的度不足会使对方感到不满足、不过瘾，甚至不服气，过了头又会变成恭维，而用背后赞美的方法则可以缓和这些矛盾。因此，有时当面赞扬不如通过第三者间接赞扬的效果好。

当你面对媒体时，适当地赞美你的同行是一种风度，也是一种艺术。

足球教练陈亦明为人爽朗，心直口快，极善处理与球员、官员、球迷以及媒体的关系。记者问陈亦明："张宏根和左树声都有执教甲A的资历，如何能成为你的助手？"陈亦明先以简明之言道出了"团结就是力量"这个道理，再道出："国内名气比我们大的不少。一个人斗不过，三个人组合就强大多了。张导是我的老师，左导是我的师兄弟，我们的组合可谓是强强联手，'梦幻组合'。"他的话令人不由想到了当年那集NBA所有高手的美国国家篮球队——梦之队的威风八面。其语既自我褒扬，又夸张、左二人，敷己"粉"而不显白，赞他人又不显媚，将"自我标榜"及"赞美他人"的语言艺术发挥到了极致。

多在第三者面前去赞美一个人，是你与那个人关系融洽的最有效的方法。假如有一位陌生人对你说："某某朋友经常对我说，你是位很了不起的人！"相信你感动的心情会油然而生。那么，我们要想让对方感到愉悦，就更应该采取这种在背后说人好话、赞扬别人的策略。因为这种赞美比一个魁梧的男人当面对你说"先生，我是你的崇拜者"更让人舒坦，更容易让人相信它的真实性。

多说"不过"和"但是"

有时对方提出的要求有一定的合理性，但因条件的限制又无法予以满足。在这种情况下，拒绝的言辞可采用"先肯定后否定"的形式，使其精神上得到一些满足，以减少因拒绝而产生的不快和失望。例如，一家公司的经理对一家工厂的厂长说："我们两家搞联营，你看怎么样？"厂长回答："这个设想很不错，只是目前条件还没有成熟。"这样既拒绝了对方，又给自己留了后路。

对对方的请求最好避免一开口就说"不行"，而是要表示理解、同情，然后再据实陈述无法接受的理由，获得对方的理解，让其自动放弃请求。

李刚和王静是大学同学，李刚这几年做生意虽说挣了些钱，但也有不少的外债。两人毕业后一直无来往，忽一日，王静向李刚提出借钱的请求。李刚很犯难，借吧，怕担风险；不借吧，同学一回，又不好拒绝。思忖再三，最后李刚说："你在困难时找到我，是信任我、瞧得起我，但不巧的是我刚刚买了房子，手头一时没有积蓄，你先等几天，等我过几天账结回来，一定借给你。"

先扬后抑这种方法也可以说成是一种"先承后转"的方法，这也是一种力求避免正面表述，而采用间接拒绝他人的一种方法。先用肯定的口气去赞赏别人的一些想法和要求，然后再来表达你需要拒绝的原因，这样你就不会直接地去伤害对方的感情和积极性了，而且还能够使对方更容易接受你，同时也为自己留下一条退路。一般情况来说，你还可以采用下面一些话来表达你的意见："这真的是一个好主意，只可惜由于……我们不能马上采用它，等情况好了再说吧"；"我知道你是一个体谅朋友的人，你如果对我不十分信任，认为我没有能力做好这件事，那么你是不会找我的，但是我实在忙不过来了，下次如果有什么事情我一定会尽我的全力来支持你"，等等。

有的时候对方可能会很急于事成而相求，但是你确实又没有时间，没有办法帮助他的时候，一定要考虑到对方的实际情况和他当时的心情，一定要避免使对方恼羞成怒，以免造成误会。

某学校里有一个艺术团的小提琴手叫小玲，她经常参加一些大型的演出活动。一次，一位朋友对她说："我也很喜欢你的演奏，很想到剧院现场欣赏你演奏小提琴，可惜售票处的票已经卖光了。"小玲手头也没有票，又不愿意在演出前为一张票劳神，这样会影响发挥，不想答应他的要求。但是，这时她并没有直接地拒绝他的话，她只是先承后转，然后才把拒绝间接化了。她平静地对朋友说："遗憾得很，我手上也没有票了。不过，在大厅里我有一个座位，如果你高兴可以……"朋友非常高兴地问道："在哪里呀？"小玲答道："不难找，就在小提琴后面。"

小玲的先承后转法显得更为含蓄、间接。我们在采取各种拒绝法时，其目的也就是避免直接拒绝。

拒绝还可以从感情上先表示同情，然后再表明无能为力。

黄女士在民航售票处担任售票工作，由于经济的发展，乘坐飞机的旅客与日俱增，黄女士时常要拒绝很多旅客的订票要求。黄女士每每总是带着非常同情的心情对旅客说："我知道你们非常需要坐飞机，从感情上说我也十分愿意为你们效劳，使你们如愿以偿，但票已订完了，实在无能为力。欢迎你们下次再来乘坐我们的飞机。"黄女士的一番话叫旅客再也提不出意见来。

用替代法委婉说"不"

有一次，约翰的一位好朋友的孩子，4岁的毛毛，一手拿苹果、一手拿橘子，跑到约翰面前炫耀。约翰故意逗他说："毛毛，伯伯的嘴好馋。你看，你是愿意把苹果给伯伯吃呢，还是愿意把橘子给伯伯吃？"毛毛听了约翰的话，很快就出人意料地回答："伯伯你快去，妈妈那里还有！"

啊，这小家伙的回答真是太绝了！他并没有直截了当地拒绝，但让人无法从他那里捞到一点儿油水，因为他想到了一个替代方案来拒绝别人。

这个例子，显示了替代方案的妙用。他没有正面表示拒绝，你也没有得到任何东西，彼此既不伤和气，也不会丢什么面子。

这种方法就叫替代法，是以"我办不到，你去拜托某某比较好"的说法，来转移给他人的做法。工作中常常会有人来请你帮忙，而你又因为种种原因不想插手，你应该怎么谈呢？

"我对电脑没办法，不过小王对电脑很熟，你去拜托他帮你看看怎么样？"

"我对计算工作最头大了，我记得小芸好像是簿记二级的，她应该做得来！"

像这样搬出一位在这方面能力比自己强的人，然后要对方去拜托他就行了。

不只是能力方面的问题，像下面这个例子中的场合也能适用。

"我如果要做这件事，恐怕要花掉不少时间。小范好像说他今天工作分量不怎么多！"

只有在大家都知道那个人的确比较胜任时才能用这招。

这个办法有一个问题，就是可能会招致那个被你"转嫁"的人的怨恨。想拜托你的人一定会说："是某某说请你帮忙比较好！"对方也就会知道是你干的好事。这么一来，那个人心里一定会想：可恶的家伙，竟然把讨厌的事推给我！

尤其当需要帮忙的工作内容是人人都不想做的事情的时候，惹来怨恨的可能性就更高。所以，最好在多数人都知道"某某事情是某某最擅长的"这样的场合才用此招。

当然，这一招不仅可以用在工作中，还能用在日常生活中。假如你抽不开身，实事求是地讲清自己的困难，同时热心介绍能提供帮助的人，这样，对方不仅不会因为你的拒绝而失望、生气，反而会对你的关心、帮助表示感谢。

拿自己开开玩笑

如果你有风趣的思想，轻松地面对自己，你便会发现自己可以原原本本地接受自己的身高、体重或其他身体特征；你也会发现幽默能帮你以新的眼光去看你对经济的忧虑。也许你无法得到真诚的爱，但是你能使你的人际关系充满温暖和谐——与人分享欢乐，甚至和仅仅有一面之缘的人也会有很好的关系。

自嘲是自己对自己幽默，是消除自己在沟通中胆怯的良方。

自嘲是运用戏谑的语言，向别人暴露自身的缺点、缺陷与不幸，说得俗一些，就是把脸上的灰指给对方看。

有句话说得好："醉翁之意不在酒。"自嘲同样是这个道理，有着独到的表达功能以及实用价值。

苏格拉底的妻子是位有名的泼妇，一次苏格拉底正同朋友们谈话时，他的妻子突然冲进书房大骂苏格拉底，并随手将脸盆中的水浇在苏格拉底身上，把他全身都弄湿了。正当大家感到尴尬万分之际，苏格拉底笑了笑说："我就知道，打雷之后必有大雨下来。"

长篇小说《围城》重版、《谈艺录》与《管锥编》问世以后，钱锺书的名声日盛，求访者越来越多。钱锺书不愿意接受访问。有一天，有一个英国女士打电话给他，要求拜访，钱锺书在电话里说：

"如果你吃了一个鸡蛋感觉很好，又何必认识那只下蛋的母鸡呢?"

在这里钱锺书自比"母鸡"，虽然是有意贬低自己，但却是在说英国女士没有必要来拜访他。

正如人们喜欢谈论一些关于别人的笑话一样，在适当的时候，也要拿自己开开玩笑，要善于自嘲。

美国著名的律师乔特是最善于讲关于自己笑话的人。有一次，哥伦比亚大学的校长蒲特勒在请他作演讲时，曾极力称赞他，说他是"我们的第一国民"。

这实在是一个展示自己的绝好机会。他可以自傲地站起来，一副得意扬扬的神气，仿佛是要对听众说："你们看，第一国民要对你们演讲了。"

但是聪明的乔特并没有如此。他似乎对这种称赞充耳不闻，却转而调侃自己的"无知"。这种自嘲很快博得了听众的好感。

他说："你们的校长刚才偶然说了一个词，我有点听不太懂。他说什么'第一国民'，我想他一定是指莎士比亚戏剧里的什么国民。我想，你们的校长一定是个莎士比亚专家，研究莎士比亚很有心得，当时他一定是想到莎士比亚了。诸位都知道，在莎氏的许多戏剧中，'国民'不过是舞台的装饰品，如第一国民、第二国民、第三国民，等等。每个国民都很少说话，就是说那一点点话也说得不太好。他们彼此都差不多，就是把各个国民的号数彼此调换，别人也根本看不出有什么分别的。"

这实在是一种非常聪明的方法，他使自己与听众居于同等的地位，拉近了自己与听众的距离。他不想停留在蒲特勒所抬举的那种高高在上的地位上。如果他换一种说法，用庄重一点的言辞，比如"你们校长称我为第一国民，他的意思不过是说我是舞台上的一个无用的装饰品而已"。虽然表达的意思是一样的，但是绝对不能把那种礼节性的赞词变为一种轻松的笑话，也绝对不会取得那样的效果。

无论是在一群很好的朋友中，还是在一大群听众中，能够想出一些关于自己的笑话，能够适当地自嘲，是赢得别人尊敬与理解的重要方法，这远远要比开别人玩笑重要得多。拿自己开开玩笑，可以使我们对世事抱有一种健全的态度，因为如果我们能与别人平等地相待，就可以为自己赢得不少的朋友。相反，如果我们为显示自己是怎样的聪明，而拿别人开玩笑，以牺牲别人来抬高自己，那我们一生一世也难以交到一个朋友，更不用说距离成功有多遥远了。

成功的人士从不试图掩饰自己的弱点，相反，有时他们会拿自己的弱点开开玩笑。而现实生活中，我们却经常可以遇到一些专喜欢遮掩自己弱点的人，他们也许脸上有些缺陷、也许所受教育太少、也许举止粗鲁，他们总要想出方法来掩饰，不让别人知道。但这样做以后，他们却于无形中背弃了诚恳的态度，毫无疑问，与之交往的朋友会对他们形成一种不诚恳的印象，使人们不敢再与他交往。

世界上最不幸的就是那些既缺乏机智又不诚恳的人。很多人常常自以为很幽默，经常喜欢拿别人开玩笑，处处表现出小聪明，结果弄得与他交往的人不敢再信任他，以前的朋友也会敬而远之，纷纷躲避。

适当地拿自己开开玩笑吧，这不仅是一种机智，更是驱散忧虑、走向成功的法宝。

正理不妨歪说

什么事都有一个"理"，"理"的存在们司空见惯。如果擅自改变事物的前后关系、因果关系、主次关系、大小关系，"理"就会走向歪道，有时歪得越远，谐趣越浓。

下面的例子是最好的说明。

一位乞丐常常得到一位好心青年的施舍。一天，乞丐对这个青年说："先生，我向你请教一个问题。两年前，你每次都给我10块钱，去年减为5块，现在只给我1块，这是为什么?"

青年回答："两年前我是一个单身汉，去年我结了婚，今年又添了小孩，为了家用，我只好节省自己的开支。"

乞丐严肃地说："你怎么可以拿我的钱去养活你的家人呢？"

乞丐喧宾夺主，对青年的责怪过于离谱、荒谬，令人们在吃惊之余哑然失笑。

故意对某些词句的意思进行歪曲的解释，以满足一定的语言交际需要，造成幽默风趣的言语特色，叫人忍俊不禁，从而可以营造轻松愉快的谈话气氛，更好地协调人际关系。

有一年，在一次座谈会上，有几位同志为鬼戏鸣不平，说是神戏上演了，所谓妖戏也上了舞台，唯独未见鬼戏登台。一位同志脱口而出："这叫作'神出鬼没'。"

这位同志对成语"神出鬼没"进行了曲解。作为成语，"神出鬼没"中"出没无常，不可捉摸"的意思，这里却曲解为"神（仙戏）出（现了），鬼（戏还）没（有上舞台）"。

一位姑娘问自己的恋人："小张，你怎么夏天胖、冬天瘦啊？"

小伙子应声而答："这叫热胀冷缩嘛！"一句话逗得姑娘咯咯笑个不停。

这里，小伙子对"热胀冷缩"作了曲解。

词语有它固定的含义，绝大多数不能按其字面的意思来机械解释，而曲解词语法却偏偏"顾名思义"，突破人们固定的思路或者说跳开常理，从而产生幽默感。

曲解词语法除了经常"顾名思义""利用多义"之外，还常利用音同音近的谐音。比如，歇后语即是用这种曲解词语的手法创造成功的。当你使用这些歇后语时，也就是在不知不觉地使用曲解词语法。例如：

嗑瓜子嗑出臭虫来了——什么仁（人）儿都有

石头蛋子腌咸菜——一盐（言）难进（尽）

一二三五六——没四（事）

从上面我们可以看出，强烈的幽默效果往往产生在故意曲解某些词语的含义中。所以，当你使用曲解词语法时，一定要让人感到你是故意曲解词语，而不是"无意"，否则，也许会让人以为你是天字第一号的大傻瓜。当然，特定的语境加你的聪慧会使你成功的。

"望文生义"的原意是：只按照字面意思去牵强附会，而不探求其确切的含义，含有明显的贬义。望文生义法，即明知故错地只按照字面解释词义，得到与原解释截然不同的结果，使说话十分诙谐，充满幽默感。

望文生义法是一种巧妙的幽默技巧。运用它，一要"望文"，即故作刻板地就字释义；二是"生义"，要使"望文"所生之"义"变异，与这个"文"通常的意义大相径庭，还要把"望文"而生义引向一个与原意风马牛不相及的另一个内容上，从而在强烈的不协调中形成幽默感。因为所有的幽默从总体上说都是来源于不协调。

逻辑上，一个词语可以表达不同的概念。将错就错、巧换概念就是在论辩中故意曲解某一词语在对方论辩中的意思，巧妙换意，出其不意地驳倒对方。

威尔逊在任新泽西州州长时，接到来自华盛顿的电话，说新泽西州的一位议员，即他的一位好朋友刚刚去世了。威尔逊深感震惊和悲痛，立刻取消了当天的一切约会。几分钟后，他接到了新泽西州的一位政治家的电话。

"州长，"那个人结结巴巴地说，"我，我希望能代替那位议员的位置。"

"好吧，"威尔逊对那人迫不及待的态度感到恶心，他慢吞吞地回答说，"如果殡仪馆同意的话，我本人没有什么意见。"

　　面对这位迫不及待地企望登上议员位置的新泽西州的政治家，沉浸在深深悲痛之中的威尔逊非常委婉幽默却又毫不留情地予以了嘲讽和回击。威尔逊运用的幽默手法，是用曲解的办法暗中转换了对方话中的希望得到的"位置"的概念。对方原来觊觎的是议员的席位，而威尔逊故意临时置换为已去世的议员在殡仪馆所在的位置，从而在幽默之中表达了对对方的反感和讽刺。

　　歪解幽默法就是以一种轻松、调侃的态度，随心所欲地对一个问题进行自由的解释，硬将两个毫不沾边的东西捏在一起，以造成一种不和谐、不合情理、出人意料的效果，在这种因果关系的错位和情感与逻辑的矛盾之中产生幽默的手法。

　　歪解就是歪曲、荒诞的解释。一本正经地从事实出发、从科学出发、从常理出发，那就找不到幽默。说咸鸭蛋是咸水煮的不是幽默，说咸鸭蛋是咸鸭子生的这才是幽默。

　　请看这样一则幽默故事。

　　3 位母亲自豪地谈起她们的孩子，第一位说："我之所以相信我家小明能成为一名工程师，是因为不管我给他买什么玩具，他都把它们拆得七零八散。"

　　第二位说："我为我的儿子感到骄傲，他将来一定会成为一名出色的律师，因为他现在总爱和他人吵架。"

　　第三位说："我儿子将来一定会成为一名医生，这是毫无疑问的，因为他现在体弱多病，俗话说'久病成良医'。"

　　读到这儿，我们都会忍俊不禁。这种幽默的力量是从哪儿来的呢？很显然，是从这3位母亲滑稽的解释中得来的。如果说儿子能当上工程师是因为喜欢用积木搭桥、盖房子，说儿子能当律师是因为喜欢法官的大盖帽，说儿子能当医生是因为他常玩给布娃娃打针的游戏，那就没有多少幽默可言了。这种解释是从生活中的常理来的，人们听来丝毫不觉得意外，所以并不可笑。

而这里的3位母亲却都从这些常理中跳了出来，给这些问题找到了一个似是而非、牛头不对马嘴的解释，结果和原因之间显得那样不相称、那样荒谬，两者之间的巨大反差就形成了幽默感，这就是歪解幽默的奥秘所在。

幽默不是科学，不是逻辑，而是一种雍容豁达的生活态度，是用巧妙的手段来宣泄情感而又不致造成伤害的一种方式。只有把握了幽默只属于人的情感、人的心灵这一本质，才会潇洒自如地突破常规，用看似荒谬的理由去解释生活、解释自己与他人，为生活制造一点笑声、一点乐趣。歪解幽默法最常用于自嘲。

某人有一次在宴席上问鲁迅："先生，您为什么鼻子塌？"

鲁迅笑答："碰壁碰的。"

这个回答里面既有对社会现实的不满，又有对自己生活经历坎坷的嘲讽。这样丰富且具有社会意义的内容与"塌鼻梁"这样一个具有丑陋因素的自然生理特征结合在一起，便产生了无法言喻的幽默感。

有人问一个作家："你为什么能写那么长的大部头小说？"

作家答道："因为我有失眠症，晚上只好做点文字游戏来解闷。"

这种自嘲都透着一种自信，而不是把自己说得一文不值。

歪解幽默法作为一种幽默技巧，并不神秘，也不深奥，只要是出于表达情感的需要，只要是不那么死心眼地有一说一、有二说二，那么，在日常交际中谁都可以用它幽默一下。

婉言曲说成幽默

有些事直接发表自己的见解不太合适，容易让人误解或不愉快，婉言曲说是很好的方法，而且这种婉言曲说不同于修辞格里的委婉修辞方法，它是形成幽默的一种语言艺术。适当培养婉曲幽默的说话习惯，有时可以更好地处理人际关系。

王麻子是个极爱占小便宜的人，常常在别人家白吃白喝，吃完了上顿等下顿，住了两天住三天。一次，他在一朋友家里吃了三天后，问主人道："今天弄什么好吃的呀？"

主人想了想，说："今天我们弄麻雀肉吃吧！"

"哪来那么多麻雀肉呢？"

主人说："先撒些稻谷在晒场上，趁麻雀来吃时，就用牛拉上石磨一碾，不就得了吗？"

这个爱占便宜的人连连摇手说："这个办法不行，还不等石磨过来麻雀早就飞跑了。"

主人一语双关地说："麻雀是占惯了便宜的，只要有了好吃的，怎么碾（撵）也碾（撵）不走。"

现在我们谈论的"婉言曲说"的幽默法，可以说是"婉曲"的变格，它是说话人故意把所要表达的本意绕个圈子曲折地说出来，利用婉言来获得幽默效果。

克诺先生来到一个陌生的城市，走进一家小旅馆，他想在那儿过夜。

"一个单间带供应早餐要多少钱？"他问旅馆老板。

"不同房间有不同的价格，二楼房间 15 马克一天，三楼房间 12 马克一天，四楼 10 马克，五楼只要 7 马克。"

克诺先生考虑了几分钟，然后提起箱子就走。

"您觉得价格太高了吗?"老板问。

"不，"克诺回答，"是您的房子还不够高。"

一般说来，幽默应避免敌意和冲突，否则，幽默就会被减弱或者消亡。从这个意义上讲，婉言曲说最适合构成幽默。

一个法国出版商想得到著名作家的赞扬，借以抬高自己的身价。他想，要得到一个大人物的好感，必须先赞扬赞扬他。

这天，他去拜访一位知名作家。他看到作家的书桌上正摊着一篇评论巴尔扎克小说的文章，便说："啊，先生，您又在评论巴尔扎克了。的确，多少年来，真正懂得巴尔扎克作品的人太少了，算来算去，也只有两个。"

作家一听就明白了出版商的意图，便让他继续说下去。"这两个人，其中一个是您了。可是还有一个呢? 您说，他应当是谁?"

作家说："那当然是巴尔扎克自己了。"

出版商顿时像泄了气的气球，悻悻地走了。

出版商想求得知名作家的赞扬，故意登门拜访。作家呢，不好直接拒绝，就来了个婉言曲说。出版商把世间懂巴尔扎克作品的人确定为两个，一个，他自然要送给作家了；另一个，他是给自己预备的。但自己说出来那太没涵养，况且自己认可的东西并不一定能得到作家的赞同，还是启发作家说出来吧。由此，出版商一直沿着自己的设计和思路，准备着一种情感——他期待着作家的赞扬，让作家指出他是懂巴尔扎克作品的人。

作家并不回绝对方的话，因为那太扫人兴了。但是他有意漠视对方的"话外音"，一句答话让对方的期待栽了个大跟头，作家回答的是，另一个懂巴尔扎克的人是巴尔扎克自己。于是双方没戏唱了，只好散场。

凡有大成就者，向来都是舌吐方圆的专家，他们不仅仅专长于自己的一份事业，而且在待人接物上有着独到的迂回之术，他们能够在让人发笑的过程中不知不觉加入自己的观点。

著名的法国钢琴家乌尔蒙年轻时的一天，他弹奏拉威尔的名曲《悼念公主的孔雀舞曲》。因节奏太慢，正在听他弹奏的拉威尔忍不住对他说："孩子，你要注意，死的是公主，而不是孔雀。"

在这里，拉威尔将公主与孔雀这两种原来互不相干的事物，出人意料地联系起来，使人们产生惊奇，并在笑声中意会到拉威尔话语的真正含义。

拉威尔对乌尔蒙的演奏"节奏太慢"，并不是采取直接批评的方式，而是采用婉转的暗示："死的是公主，而不是孔雀。"这样，使演奏者首先得回味一下，拉威尔的话到底是什么意思？弄清楚了，便意识到自己处理作品中的失误。应该加快速度，快到什么程度呢？拉威尔的话给了提示，是孔雀舞曲。演奏者的脑海中定会浮现出美丽的孔雀翩翩起舞的英姿。拉威尔的旁敲侧击，使乌尔蒙明白了自己的毛病所在。

幽默是一种高超的语言艺术，这种艺术是在婉言曲说中产生的。说话直的人不可能创造出幽默来。按部就班，一是一、二是二，实说实、虚说虚，没有任何的发挥就不可能碰撞出幽默的火花。

把话说到对方的心窝里

日本有一个这样的故事。真田广之替已过世的父亲守灵。他的老家离东京很远，即使坐电车也要花 3 个小时，而且那时的电车还不像现在这样每一小时发一班车，所以可以说交通很不方便。当时他心里想：外地的亲戚朋友是不可能前来凭吊的了。但出乎意料的是，在整个晚上都没有任何一个亲属到来的情况下，一个女子突然出现在他的面前。

"田中小姐，你怎么来了……"

当时真田简直感动得难以言表，因为她不过是他的一名同事而已，真难以想象她会在下班之后，搭乘电车赶到他的老家来。况且当时天色已经很晚，她又不太认得路，肯定是挨家挨户询问才找到他家的。"你经常来这里？"

"不，今天是第一次，我只是想来凭吊一番……"

"太谢谢你了，太谢谢你了！"

真田简直感动得不知道该说什么才好，心想，她是个多么好的同事啊！这位同事的确拥有很好的人际关系，在公司里，不论男女都是这么认为的。她得到了大家的信任，只要是她说的话，大家都认为不会错，而且也愿意按照她说的去做。这同时也表示，她是个说服力极强的人。

经过那晚的谈话，真田明白了她之所以说服力极强的秘密。也就是她总是能以情动人，而说服别人按照自己的意图去办事的秘诀就在于攻心。平时别人遇到什么麻烦，田中小姐总是会伸出援助之手，这令所有人都为之感动。先得了人心，别人自然会心甘情愿听她的话。

可能平时我们没有太多时间和精力去助人为乐，但该事例告诉了我们一个关键信息，就是说服他人的核心点在于征服他人的内心，使对方在情感上有所共鸣。

文学家李密，曾在蜀汉时担任过尚书郎的官职，蜀汉灭亡后，居家不出。晋武帝知道他有才干，便下诏命他进朝为太子洗马，但李密拒绝了。为此，晋武帝大怒。在这种情况下，李密写了一封信给晋武帝。

"……我想圣明的晋朝是以孝来治理天下的，凡是年老之人，都得到了朝廷的怜恤和照顾，何况我祖孙孤零困苦的情况特别严重。

"我年轻的时候在蜀汉朝做官，任职郎中，本来就希望仕途显达，并不矜持名声节操。现在我是败亡之国的低贱俘虏，身份卑微的人，受到过分的提拔，宠幸的委命，已经非常优厚，哪里还敢迟疑徘徊，有更高的渴求呢？

"只是因为我祖母刘氏如西山落日，已经是气息短促，生命不长。我如没有祖母的抚育，就难以有今日。祖母如失去了我的奉养，也就无法多度余日。祖孙二人相依为命，因此我实在不能抛开祖母离家远行。

"微臣李密今年44岁，祖母刘氏今年96岁。这样，我为陛下尽忠效力的日子还长，而报答祖母的养育之恩的日子短呀！故此我以这种乌鸦反哺的私衷，乞求陛下准允我为祖母养老送终。

"恳请陛下怜恤我的一片愚诚，慨允我微小的志愿，使祖母刘氏可以侥幸保其晚年，我活着也将以生命奉献陛下，死后也要结草图报。臣内心怀着难以承受的惶恐，特地作此书，奏闻圣上。"

这就是流传百世的《陈情表》。将心比心，以情说理，李密在柔言细语中陈述自己的处境。武帝颇为感动,心头的怒火也自然平息了,他还赐给李密奴婢二人,并令郡县供养其祖母。

杰克·凯维是加利福尼亚州一家电气公司的一位科长,他一向知人善任,并且每当推行一个计划时,总是不遗余力地率先做榜样,将最困难的工作承揽在自己的身上,等到一切都上了轨道之后,他才将工作交给下属,而自己退身幕后。虽然他这种处理事情的方法是很好的,但他太喜欢为他人做表率,所以常常让人觉得他似乎太骄傲了。

最近不知怎么回事,一向精神奕奕的凯维却显得无精打采。原来最近的经济极不景气,资金方面周转不灵,再加上预算又被削减,使科里的运转差点停顿。这种情形若继续下去,后果一定不可收拾。于是他实施了一套新方案,并且鼓励职工:"好好干吧!成功之后一定不会亏待你们的。"但没想到眼看就要达到目标,结果还是功亏一篑,也难怪他会意志消沉了。平日对凯维就极为照顾的经理看了这些情形后,便对他说:"你最近看起来总是无精打采的,失败的挫折感我当然能够理解,但是我觉得你之所以会失败,乃是因为你只是一味地注意该如何实现目标,却忽略了人际关系这种软体的工程,如果你能多方考虑,并多为他人着想,这种问题一定能够迎刃而解。"经理停顿了一下,又接着说:"大丈夫要能屈能伸,才是一个好的管理人员。我觉得你就是进取心太急切了,又总喜欢为职工做表率,而完全不考虑他们的立场,认为他们一定能如你所愿地完成工作,结果倒给了职工极大的心理压力。大概也就是因为这个缘故,所以大家都说你虽能干,但你的部属却很为难。每个人当然都知道工作的重要性,所以你实在大可不必再给他们施加压力。你好好休息几天,让精神恢复过来,至于工作方面,我会帮助你的。"

杰克·凯维的一段亲身经历让我们知道，必须站在别人的立场，将心比心才能真正达到说服对方的目的，否则，再多的自信和能力也无法让别人服从你。会打棒球的人都知道，当我们要接球时，应顺着球势慢慢后退，这样的话球劲便会减弱。与此相似，我们在说服他人的时候，如果能将接棒球的那一套运用过来，相信说服会变得更容易。

唐代大诗人白居易说："动人心者莫先于情。"意思是说，要说服人、打动人，必须动之以情，言语必须是诚心诚意的，发自内心，富有人情味和同情心，让人听后觉得你是真心为他好，是设身处地地为他着想，而不是在应付他。相反，冰冷的态度、程式化的言辞，都会引起对方的逆反心理，增加说服的难度。

林肯在当律师时曾碰到这样一件事。

有一位老妇人是独立战争时一位烈士的遗孀，每月只靠抚恤金维持风烛残年。前不久出纳员非要她交纳一笔手续费才准领钱，而这笔手续费相当于抚恤金的一半，这分明是勒索。

林肯知道后怒不可遏，他安慰了老妇人，并答应帮助她打这个没有凭据的官司，因为出纳员是口头勒索。

开庭后，因原告证据不足，被告矢口否认，情况显然不妙。林肯发言时，上百双眼睛都盯着他。

林肯首先把听众引入对美国独立战争的回忆，他两眼闪着泪花，述说爱国战士是怎样揭竿而起，又是怎样忍饥挨饿地在冰天雪地里战斗。渐渐地，他的情绪激动了，言辞犹如挟枪带剑，锋芒直指那个企图勒索的出纳员。最后他以严正的设问，做出了令人怦然心动的结论：

"1776年的英雄早已长眠地下，可是他们那衰老而可怜的遗孀还在我们面前，要求代她申诉。这位老人也曾是位美丽的少女，曾经有过幸福愉快的生活。不过，她已牺牲了一切，变得贫穷无依，不得不向自由的我们请求援助和保护，而这自由是用革命先烈的鲜血换来的。试问，我们能熟视无睹吗?"发言至此，戛然而止。听众的心腑早被激动了：有的捶胸顿足，扑过去要撕扯被告；有的泪水涟涟，当场解囊捐款。在听众的一致要求下，法庭通过了保护烈士遗孀不受勒索的判决。

这就是感情的力量。唯有真挚的感情才能打动人、说服人，才能唤起民众、唤醒民心。

对人应该真诚，体察他人的内心，在说话的时候，也应该培养把话说到对方心窝里的能力与习惯，用真诚打动他人。

将计就计对着说

"请不要阅读第七章第七节的内容"，这是一个作家在他的著作扉页上的一句饶有趣味的话。后来这个作家作了一个调查，不由得笑了，因为他发现绝大部分的读者都是从第七章第七节开始读他的著作的，而这就是他写那句话的真正目的。

当别人告诉你"不准看"时，你却偏偏要看，这就是一种"逆反心理"。这种欲望被禁止的程度越强烈，它所产生的抗拒心理也就越大。所以如果能善于利用这种心理习惯，就可以将顽固的反对者软化，使其固执的态度有180度的大转弯。

某建筑公司的李工程师，有一次折服了一个刚愎自用的工头。这个工头常常坚持反对一切改进的计划。李工想换装一个新式的指数表，但他想到那个工头必定要反对的，所以他想了个办法。李工去找他，腋下挟着一个新式的指数表，手里拿着一些要征求他的意见的文件。当大家讨论这些文件的时候，李工把指数表从左腋下移动了好几次。工头终于先开口了："你拿着什么东西？"李工漠然地说："哦！这个吗？这不过是一个指数表。"工头说："让我看一看。"李工说："哦！你不能看！"并假装要走的样子，还说："这是给别的部门用的，你们部门用不到这东西。"工头又说："我很想看一看。"当他审视的时候，李工就随意但又非常详尽地把这东西的效用讲给他听。他终于喊起来说："我们部门用不到这东西吗？它正是我想要的东西呢！"李工故意这样做，果然很巧妙地把工头说动了。

逆反心理并不是执拗的人才有，喜欢跟别人对着干也是大多数人的习惯，因为每个人都不愿乖乖服从于任何人。

某报曾登载过一篇以父子关系为主题的记事文章《我家的教育法》，是说某社会名人的孩子在学校挨了顿骂后便非常怨恨他的老师，甚至想"给他一点颜色瞧瞧"，他父亲听了也附和道：

"既然如此，不妨就给他点颜色看。"但接着又说，"纵使你达到报复的目的，但你却因此而触犯了法律，还是得三思才是。"听父亲这样一说，儿子便取消了报复的念头。

另外还有一个例子。某太太认为她丈夫极不像话，于是便和朋友说她要离婚。她满以为朋友会劝她打消离婚的念头，不料那位朋友却说：

"如此不像话的丈夫还是趁早和他离婚，免得将来受苦。"

这位太太听朋友这么一说，反倒认为："其实，我丈夫也并非坏到这般地步。"而收回了离婚的念头。

据说明朝时，四川的杨升庵才学出众，中过状元。因嘲讽过皇帝，所以皇帝要把他充军到很远的地方去。朝中的那些奸臣更是趁机要公报私仇，于是向皇帝说，把杨升庵充军海外或是玉门关外。

杨升庵想：充军还是离家乡近一些好。于是就对皇帝说："皇上要把我充军，我也没话说。不过我有一个要求。"

"什么要求？"

"任去国外三千里，不去云南碧鸡关。"

"为什么？"

"皇上不知，碧鸡关呀，蚊子有四两、跳蚤有半斤！切莫把我充军到碧鸡关呀！"

"唔……"

皇帝不再说话，心想：哼！你怕到碧鸡关，我偏要叫你去碧鸡关！杨升庵刚出皇宫，皇上马上下旨：杨升庵充军云南！

杨升庵利用"偏要对着干"的心理，粉碎了奸臣的打算，达到了自己要去云南的目的。

尤其是那些大人物，你对他们提出要求，他们总是会想：我为什么要听任你的摆布，我可是一个响当当的人物！因此，在说服这类人的时候，从反方向着手更容易成功。

小孩子天真、单纯，你说东，他们偏往西，这是他们的天性，全人类中可能要数他们的逆反心理最强了。

某一有名的教育家，他对于不喜欢练小提琴的孩子尤其独具匠心。在教孩子们练琴时，经常碰到的难题就是儿童学琴意识低落，然而他却能使这些孩子们个个乐意接受他的指导。用逼迫的方式吗？不！因为这种办法只能收到一时之效，并不能持久。而他所使用的

"特效药"就是这么一句话："我想这件事你必定做不好，你还是放弃吧。因为你的技能比人家差，所以你才不想练习。"

你让他放弃，他偏要证明给你看。

只要是从事教育工作的，便经常会体验到这一类情形。尤其小学生更是如此，很少有能够自动进取的，他们常以投机取巧的方式来达到他们偷懒的目的。对于这样的孩子，你若说："难道你是不喜欢它吗？"这会毫无效用的，而要对他们说："这样的事情对你来说是勉强了点，可能你没办法做得好，因为你的能力比别人差。"

只要这一句话，不少孩子都会自发地行动起来。

沉默有时是最好的说服方式

大家都认为，既是说服，当然就得凭借好口才。其实，偶尔采取沉默战术同样可以达到说服的效果。沉默可以引起对方注意，使对方产生迫切想了解你的念头。以下我们就来看看一个利用沉默成功说服的例子。

一家著名的电机制造厂召开管理员会议，会议的主题是"关于人才培育的问题"。会议一开始，山崎董事就用他那特有的声音提出自己的意见。

"我们公司根本没有发挥人才培训的作用，整个培训体系形同虚设，虽然现在有新进职员的职前训练，但之后的在职进修却成效不明显。职员们只能靠自己摸索来熟悉工作，这很难与当今经济发展的速度衔接在一起，因而造成公司职员素质水平普遍低落、效益不高。所以我建议应该成立一个让职员进修的训练机构，不知大家看法如何？"

"你所说的问题的确存在，但说到要成立一个专门负责培训职员的机构，我们不是已经有职员训练（On the job Training，OJT）了吗？据我了解，它也发挥了一定的功用，我认为这一点可以不用担心……"

"诚如社长所说，我们公司已经有 OJT 组织，但它是否发挥实际作用了呢？实际上，职员根本无法从中得到任何指导，只能跟着一些老职员学习那些已经过时的东西，这怎么能够将职员的业务水平迅速提升呢？而且我观察到许多职员往往越做越没有信心、越做越没干劲。所以，我认为 OJT 的功能不明显，所以还是坚持……"

"山崎，你一定要和我唱反调吗？好，我们暂时不谈这个话题，会议结束后我们再做一番调查。"

就这样，一个月后公司主管们重新召开关于人才培训的会议。这次社长首先发言。

"首先我要向山崎道歉，上次我错怪他了。他的提案中所陈述的问题确实存在。这个月我对公司的 OJT 进行了抽样调查，结果发现它竟然未能发挥应有的功效。因此，今天召集大家开会是想讨论一下应该如何改变目前人才培育的方法，请大家尽量发表意见吧！"

社长的话一出口，大家就开始七嘴八舌地提出建议。但令人奇怪的是，这一次山崎董事却始终一言不发地坐在原位，安静地聆听着大家的意见，直到最后他都没说一句话。

会议结束以后，社长把山崎董事叫进社长办公室。"今天你怎么啦？为什么一句话也不说？这个建议不是你上次开会时提出来的吗？"

"没错，是我先提出来的。不过上次开会我把该说的都说了，其实那无非是想引起社长您对这个问题的重视罢了。现在目的已经达到，我又何必再说一次呢？还不如多听听大家的建议。"

"是吗？不错，在此之前我反对过你的提议，你却连一句辩解也没有。今天大家提出的各种建议都显得很空洞，没有实际的意义，反倒是你的沉默让我感到这个问题带来的压力。这样吧，这件事就交给你去办好了！从今天起由你全权负责公司的人才培训工作。请好好努力吧！"

在特定的环境中，缄默常常比论辩更有说服力。我们说服人时，最头痛的是对方什么也不说。反过来，如果劝者什么也不说，对方的错误意见就找不到市场了。

不同的缄默方式有不同的作用，运用时必须恰到好处。

咄咄逼人的缄默能使人不攻自破。有一个出生在有一定教养家庭的小学生，一天他拿了同学的一件好玩具。晚饭前回来，他装出一副若无其事的样子，同往常一样笑吟吟地说："妈，我回来了！"缄默。"姐，我饿了。"缄默。"怎么了？"缄默。"我没做错事啊？"也是缄默。妈妈眼睛瞪着他，姐姐背对着他，全家都冷冰冰地对待他。他终于不攻自破了："妈、姐，我错了……"

平平淡淡的缄默能发人深省：有些人态度很积极，但发表意见时不免有些偏颇，直截了当地驳回又易挫伤其积极性，循循诱导又费时，精力也不允许，最好的办法便是平平淡淡地缄默。他说什么，你尽管听，"嗯""啊"……什么也不说，等他说够了，告辞了，再用适当的不带任何观点的中性词和他告别："好吧"或"你再想想"。别的什么也不说。如此，他回去后定然要好好想想：今天谈得对不对？对方为什么不表态？错在哪里？也许他会向别人请教，或许会自己悟出真谛。

转移话题的缄默能使人乐而忘求：对要回答的问题保持缄默，而

216

选准时机谈大家关注的热门话题并引人入胜，使对方无法插入自己的话题，且从谈话中悟出道理，检讨自己。

义无反顾的缄默能使人就范：某领导有一次交代下属办一件较困难的任务，当然，他能胜任。交代之后，对方讲起了"价钱"。于是该领导义无反顾地保持缄默，连哼也不哼。困难如何大、条件如何差、时间如何紧……说着说着他就不说了，最后说了一句："好，我一定完成。"

沉默是金，有时沉默不语能够出奇制胜，如果滔滔不绝有时反而有理说不清。

有时候，在沉默的同时以另一种行动的方式来代替口头表达，说服的效果是妙上加妙的。

就拿领导来说，其行动对他的部下必然产生很大的影响，因此，领导要有身先士卒、上最前线的风范，以推动工作的开展。

建立起"西武王国"的堤康次郎曾经多次教育他的儿子——长大后成为日本西武铁路公司总裁的堤义明说：

"要让职员们跟随你，你必须要比别人多干 3 倍的工作。"

堤康次郎是以他的经验教育经营者应该具有的态度，这句话也同样适于任何一位担任领导和主管工作的人。

想要别人做到的，首先要自己带头去做，否则不但说服起不了什么效果，部下也不会服从。"比别人多干 3 倍的工作"比使用任何语言更具说服力。

身体力行是说服部下的先决条件。

光说不干，指手画脚，是绝不可能充分说服部下开展工作的。俗语说得好："说一千，道一万，不如自己干一干。"自己率先实行的态度，比对部下讲大道理更具说服力。此种无言的说服是最好的说服。

以让步换取对方赞同

如果你是对的，你要坚持自己的观点，说服别人接受，那么最好试着以一种温和的态度和技巧达到目的。退一步实际上可以让你进两步，这就是以退为进的战术。

在说服对方之前先承认自己的错误，这对于大多数人来说很难做到，然而这确实会有助于使对方心服口服。

从卡耐基住的地方，只需步行一分钟就可到达一片森林。春天，黑草莓丛的野花白白的一片，松鼠在林间筑巢育子，马草长到高过马头。这块没有被破坏的林地叫作森林公园。卡耐基常常带雷斯到公园散步，这只小波士顿斗牛犬和善而不伤人。因为在公园里很少碰到人，卡耐基常常不给雷斯系狗链或戴口罩。

有一天，他们在公园里遇见一位骑马的警察，这位警察迫不及待地表现出他的权威。

"你为什么让你的狗跑来跑去，不给它系上链子或戴上口罩？"他申斥道，"难道你不知道这是违法的吗？"

"是的，我知道，"卡耐基轻柔地回答，"不过我认为它不至于在这儿咬人。"

"你不认为！你不认为！法律是不管你怎么认为的。它可能在这里咬死松鼠或咬伤小孩。这次我不追究，但下回再让我看到这只狗没有系上链子或套上口罩在公园里的话，你就必须去跟法官解释。"

卡耐基客客气气地答应照办。

他的确照办了——而且是好几回。可是雷斯不喜欢戴口罩，卡耐基决定碰碰运气，事情很顺利。但好运不长，一天下午，雷斯跑在前头，直向那位警察冲去。

卡耐基决定不等警察开口就先发制人。他说："警官先生，这下你当场逮住我了。我有罪，我没有借口，没有托词了。你上星期警告过我，若是再带小狗出来而不替它戴口罩你就要罚我。"

"好说，好说，"警察回答的声调很柔和，"我知道在没有人的时候，谁都忍不住要带这么一条小狗出来溜达。"

"的确是忍不住，"卡耐基回答，"但这是违法。"

"像这样的小狗大概不会咬伤别人吧？"警察反而为卡耐基开脱。

"不，它可能会咬死松鼠。"卡耐基说。

"哦，你大概把事情看得太严重了。"他告诉卡耐基，"我们这样办吧，你只要让它跑过小山，到我看不到的地方，事情就算了。"

卡耐基没有花很多工夫在说服对方放他一马上，他只是抢先道了歉，主动承认了错误，对方就妥协。人都希望得到尊重与重视，卡耐基让那位警察获得了一种重要人物的感觉。

退一步的目的是进两步，先表示同感是为了进而说服对方。

有一次，汤姆搭出租车，因为司机正在收听棒球比赛的实况，所以他和司机也顺便聊了些有关球队的问题。如乙队如何、甲队又如何等，在尚未明了司机心中的意向之前，他没有轻言反对观点，唯恐引起对方的不快而影响到自己乘车的安全。

开始时，汤姆只是适当地附和对方，当确知对方意向与自己不甚相符时，便暂依其意，之后再以缓缓导向方式使其趋向己方。这么做更易为对方接受，而且能避免宾主间的不快。但这种方式只在对方无明确的主见或其主张不理想时方才适用。

对方正发表高见时，你不妨频频点头以表同感，使对方感到你与他属同一道上的人，即使你提出或多或少的异议他也不会在意。

若一开始便与对方唱反调，反而对自己不利。

会议在进行时往往都会有争论的情况发生，当双方争论得面红耳赤时，争论的重点已非原来的论据，而转为为争论而争论的情况。如果某方以正面反驳，对方是绝不会让步的，最终闹成了僵局。此时不妨运用"推不成，拉却成"的方法试试。

如某会议的与会者分成了两派系，甲方赞同的是 A 策略，乙方却赞同 B 策略，双方正僵持不下时，甲方突有一人发表了较客观的论点，说：

"仔细推想起来，B 策略也有它的好处，并非一无可取。"

听甲方如此一说，乙方立刻便有一名代表起立说：

"说实在的，A 策略确实相当不错，是有其利用价值的。"

于是双方局势已趋缓和，同时 A、B 两策略也同时被采用了，并且甲乙双方也互相道歉言和了事，这就是"推不成，拉却成"的典型例子。

社会上就是有许多人并非以论据去作反对，往往是意气用事，强硬说服，为反对而反对，若有一方能稍作让步，对方就会不再反对，从而使气氛缓和下来。

又如吵架的一方正欲向对方挥拳时，若对方以和善的语气向他道歉，本欲挥下去的拳头顿时失去了目标而缓缓垂下，一场火药味浓烈的争斗也顿时熄灭。

若有人与你唱反调，不妨以否定自己论调的方式引出对方的赞同。

难言之隐，一喻了之

人总有难言之隐，不便说道，然而偏偏有人要苦苦相逼。在这种时候，巧用比喻来道明心思，就能轻松化解尴尬的局面。有些比喻通俗易懂而又思想深刻，表情达意，恰到好处。

惠施在梁国当了宰相，庄子准备去会会他这位好朋友。有人急忙报告惠子，说："庄子来这里，是想取代您的相位呀。"惠子很恐慌，便要阻止庄子，于是派人在国内搜了三天三夜。哪知道庄子从容而来拜见他说："南方有一种鸟，名字叫作凤凰，不知道您听说过吗？有只凤凰展翅而飞后，从南海飞向北海，非梧桐不栖，非练实不食，非醴泉不饮。这时，有一只猫头鹰正在津津有味地吃着一只腐烂的老鼠，恰好凤凰从其头顶上飞过。猫头鹰急忙护住腐鼠，仰头视之道：'吓！'现在您也想用您的梁国来吓我吗？"

庄子视惠施的权贵如腐鼠，根本不把它放在眼里。要是直接说："你的荣华富贵我根本就看不上眼。"那难免会使双方都难堪。以一个比喻简单明了地表明自己的想法，淋漓酣畅，透彻明晰。庄子是一位非常善于利用比喻来说话的人。

一天，庄子正在涡水垂钓。楚王派了两位大夫前来聘请他。见面后他们对庄子说："我们大王久闻先生贤名，欲以国事相累。深望先生欣然出山，上以为君王分忧，下以为黎民谋福。"庄子持竿不顾，淡然说道："我听说楚国有一只神龟，被杀死时已经有三千岁。楚王把它珍藏在竹箱里，盖上了锦缎，供奉在庙堂之上。请问二位大夫，此龟是宁愿死后留骨而贵，还是宁愿生时在泥水中潜行曳尾呢？"二位大夫道："自然是愿活着在泥水中曳尾而行啦。"庄子说："那么，二位大夫请回去吧！我也愿在泥水中曳尾而行。"

两位大夫亲自来请，"不想去"这样的话肯定不好说出口，因此庄子以"宁为龟"来表示自己对自由的向往。

一天，庄子身着粗布补丁衣服、脚穿破鞋去拜访魏王。魏王见了他便问道："先生怎么会如此潦倒呢？"庄子说："是贫穷，不是潦倒。士有道德而不能体现，才是潦倒；衣破鞋烂，是贫穷，不是潦倒，此所谓生不逢时也！大王您难道没见过那腾跃的猿猴吗？如果在高大的楠木、樟树上，它们就会攀援其枝而往来其上，逍遥自在，即使善射的后羿、蓬蒙再世，也无可奈何。可要是在荆棘丛中，它们则只能危行侧视，怵惧而过了，这并非其筋骨变得僵硬不柔软、灵活了，而是处势不便，未足以逞其能而已。现在我处在昏君乱相之间而欲不潦倒，怎么可能呢？"

对政治的不满，满腹的苦楚，能随意倾吐吗？不能。庄子又一次运用了一个美妙到无以复加的比喻来诠释自己的内心，可谓是譬喻高手。

在我们的日常生活中，特别是工作中，经常需要处理一些人与人之间的关系。特别是在私企中，规章制度比较严格，老板觉得你不顺眼或者你偶尔工作不到位就有可能被解聘。虽然工作中的有些问题是由老板的失误造成的，但责任却要算到你头上，这时你就要考虑怎么作一个周全的解释了。

很多时候会遇到正副职两位领导不和，到底听谁的？在这种情况下，如何保存自己呢？可以采用间接说理的方法，既能收到应有的效果，又会使当事人不至于太难堪。

小董在某外企打工，待遇等各方面都很不错，小董也非常精明能干。可有一件让人头疼的事，就是他的两个顶头上司不和，因此经常就同一件事情向小董发出不同的命令，弄得小董无所适从，当然也就影响到他的工作进度。有一天，小董接到两个上司相互矛盾的命令，因此没有按时完成任务。恰好碰到公司老总来视察，见状把小董批评了一番。小董并未向老总诉说冤屈，只是笑着说："我想问您一个问题，您和我的两个上司这'三驾马车'是不是朝着同一个方向行驶的呢？"老总说："那当然是。"小董又说："如果您手下的这'两驾马车'，分别朝着两个方向行驶，那您应该朝着哪个方向行驶呢？"老总听完这话，明白了其中的含义，看了看小董的两个上司，两个人顿时觉得很不好意思。小董巧借比喻摆脱了"两头不是人"的境况，化解了自己的困境，以后工作起来自然顺利多了。

小卢在某汽车公司工作，他是有名的老好人，也就是叫干什么就干什么的人，所以，他的上司们，不管是工长还是组长、车间主任，都把他支来支去。时间长了，他终于忍受不住了。一次，在经常支使他的上司都在的时候，小卢对他们说："请问各位领导，究竟你们是章鱼还是我是蜈蚣？"几位领导一听，不对，这分明是话里有话，于是就问："谁得罪你了？"小卢笑了笑说："这样吧，我给你们讲个笑话。有一条章鱼，它十分苦恼，不为别的，只为自己生了8条腿，于是它便请教蜈蚣，'老兄呀，你说你有这么多条腿，请问你是怎么安排它们的工作的'？蜈蚣笑道：'你真愚蠢，我从来就没有特意安排它们，只是任凭它们各司其职罢了。'请问几位领导，我们是不是应该向蜈蚣先生学习呢？"几位领导一听，嘴里不说，心里都明白是怎么回事了，于是再也不像过去那样对小卢指手画脚了。

巧妙地利用比喻，使用比喻的方法，给造成尴尬的人提个醒，既保留了他人的面子，又达到了自己的目的、维护了自己的权益。

懂得自我调侃走出尴尬

由于我们的过失，造成了在谈话中的难堪，这时我们不要责备他人，还是找找自己的责任，采用自我调侃的方式低调退出吧。

有一次，十多年没见的老同学聚会，因为大家都是好朋友，所以说起话来直来直去。有一位男同学打趣地问一位女同学说："听说你的先生是大老板，什么时候请我们到大酒店吃一顿？"他的话刚说完，这位女同学有点不安起来。原来这位女同学的丈夫前不久因发生意外去世了，但这位开玩笑的男同学并不知道，因而玩笑开得过了一点儿。旁边的一位同学暗示他不要说了，谁知这位男同学偏要说，旁边的那位同学只得告诉他真实的情况，这位男同学非常尴尬。不过他迅速回过神儿来，先是在自己脸上打了一下，之后调侃地说："你看我这嘴，十多年过去了，还和当学生时一样没有把门的，不知高低深浅，只知道胡说八道。该打嘴！该打嘴！"女同学见状，虽有说不出的苦涩，但仍大度地原谅了老同学的唐突，苦笑着说："不知者不怪，事情过去很久了，现在不提它了。"男同学便忙转换话题，从尴尬中解脱出来。

当我们处于类似的由于我们自己的原因造成不好下台时，最好的办法就是不要死要面子活受罪，可以采用自我调侃的办法，真诚一点儿，像该例中的那位男同学一样，表达自己真诚的歉意，而对方也不会喋喋不休地责备我们，相反，还会因为我们的真诚一笑而置之。

人一生中总会有当众失态的时候，此时我们不妨抢先一步对自己进行调侃，好过别人来嘲笑，使自己难堪。

宋朝大文学家石曼卿，人称"石学士"。一日酒后乘马车去报国寺游玩，突然马受惊乱跑，将石曼卿从车上摔了下来。只见石曼卿站起来，拍拍身上的尘土，拿起马鞭，然后风趣地对围观者说："幸亏我是'石'学士，要是'瓦'学士，一定要摔破了。"石学士把自己的姓作了另外一种解释，妙语解颐，为后人称道。

1915年，丘吉尔还是英国的海军大臣。不知他是心血来潮还是什么原因，突然要学开飞机，于是，他命令海军航空兵的那些特级飞行员教他开飞机，军官们只好遵命。

丘吉尔还真有股韧劲，刻苦用功，拼命学习，把全部的业余时间都搭上了，负责训练他的军官都快累坏了。丘吉尔虽称得上是杰出的政治家，但操纵战斗机跟政治是没什么必然联系的。也可能是隔行如隔山吧，总之，丘吉尔虽然刻苦用功，但就是对那么多的仪表搞不明白。

在一次飞行途中，天气突然变坏，一段25.75千米的航程他竟然花了3个小时才抵达目的地。

着陆后，丘吉尔刚从机舱里跳出来，那架飞机竟然再次腾空，一头扎到海里去了，旁边的军官们都吓得怔在那里，一动不动。

原来，匆忙之中的丘吉尔忘了操作规程，在慌乱之中又把引擎发动起来了。望着眼前这一切，丘吉尔也不知所措，好在他并没有惊慌，装作茫然不知似的，自我解嘲道：

"怎么搞的，这架飞机这么不够意思。刚刚离开我，就又急着去和大海约会了。"

一句话缓解了紧张的气氛，也让丘吉尔摆脱了尴尬。

在有些尴尬的场合，运用自嘲能使自尊心通过自我排解的方式受到保护，而且还能体现出说话者宽广大度的胸怀。

当你陷入窘境时，逃避嘲笑并非良方，也不是超脱。相反，你殚精竭虑地力图反击，很可能会遭到对手更多的嘲讽，不如来个180度大转变的超脱。这种超脱既能使自己摆脱狭隘的心理束缚，又能使凶悍的对手"心软"下来。

20世纪50年代初，美国总统杜鲁门会见十分傲慢的麦克阿瑟将军。会见中，麦克阿瑟拿出烟斗，装上烟丝，把烟斗叼在嘴里，取出火柴。当他准备划燃火柴时，才停下来，对杜鲁门说："抽烟，你不会介意吧？"

显然，这不是真心地向对方征求意见。杜鲁门讨厌抽烟的人，但他心里很明白，在面前的这个人已经做好抽烟准备的情况下，如果说他介意，那就会显得自己粗鲁和霸道。

杜鲁门看了麦克阿瑟一眼，自嘲道："抽吧，将军。别人喷到我脸上的烟雾，要比喷在任何一个美国人脸上的烟雾都多。"

杜鲁门总统以自我解嘲的形式来摆脱难堪的境况，而他自嘲，还包含着深深的责备和不满，无形中给了傲慢的将军以含蓄的训诫。

当然大多数人都不是故意陷人于难堪境地的。如果过分掩饰自己的失态，反而会弄巧成拙，使自己越发尴尬，并且对方会心神不宁、坐立不安。以漫不经心、自我解嘲的口吻说几句取悦于人的话，却可以活跃气氛，消除尴尬。

某次，柏林空军军官俱乐部举行盛宴招待会，主宾是有名的乌戴特将军。敬酒时，一位年轻士兵不小心将啤酒洒到了将军光亮的秃头上，士兵吓得魂不附体，手足无措，全场人目瞪口呆。面对颤抖的士兵，乌戴特微笑着说："老弟，你以为这种治疗会有效吗？"在场的人闻言大笑起来，难堪的局面被打破。

尴尬场合，运用自嘲可以平添许多风采。当然，自嘲要避免采取玩世不恭的态度。具有积极因素的自嘲包含着自嘲者强烈的自尊、自爱。自嘲实质上是当事人采取的一种貌似消极，实为积极的促使交谈向好的方向转化的方式而已。

紧张时刻用玩笑化解

说笑能极大地缓解尴尬气氛，甚至在笑声中这种难堪场面会瞬间消失，以至于人们很快忘却。

萧伯纳有一次遇到一位胖得像酒桶似的牧师，他跟萧伯纳开玩笑说："外国人看你这样干瘦，一定认为英国人都在饿肚皮。"萧伯纳谦和地说："外国人看到你这位英国人，一定可以找到饥饿的根源。"要用幽默来回敬对方。幽默感是避免人际冲突、缓解紧张的灵丹妙药，不会造成任何损失，不会伤及任何人。

如果活动中出现尴尬局面，说句调笑的话更是使双方摆脱窘迫的好办法。例如，两个班级联欢，男女舞伴第一次跳舞，由于一方的水平低发生了踩脚的情况，说"没关系"这样礼貌的话可能还会加重对方的紧张，如果用一句"地球真小，我俩的脚只能找一个落点了"，可使双方欢笑而心理放松。

尴尬是在生活中遇到处境窘困、不易处理的场面而使人张口结舌、面红耳赤的一种心理紧张状态。在这种时候，人们感觉比受到公开的批评还难受，会引起面孔充血、心跳加快、讲话结巴等。主动讲个笑话逗大家笑，绝对是减轻该症状的良方，尤其是在很多人看着你的时候。

苏联著名女主持人瓦莲金娜·列昂节耶娃有一次向观众介绍一种摔不破的玻璃杯。准备时几次试验都很顺利，谁知现场直播时竟出了意外，杯子摔得粉碎。而这时，成千上万的观众正看着屏幕。她灵机一动说："看来发明这种玻璃杯的人没考虑我的力气。"幽默的语言一下子就使她摆脱了窘境。

一位演说家对听众说："男人，像大拇指（做手势）；女人，像小指头儿……"话未说完，全场哗然，女听众们强烈反对他的比喻，他没法再讲下去了。怎么办？他立刻补充说："女士们，大拇指粗壮有力，而小手指则纤细、灵巧、可爱。不知哪位女士愿意颠倒过来？"一句话平息了女听众的愤怒，一个个相视而笑。

我国著名相声大师马季有一次到湖北黄石开座谈会。会上，他的搭档无意中将"黄石市"说成了"黄石县"，在座的都十分尴尬。马季立即接着说："我们有幸来到黄石省……"这话把大伙都弄糊涂了。正当大家窃窃私语时，马季解释道："刚才，我的搭档把黄石市说成县，降了一级，我当然要说成'省'，给提上一级。这样一降一提，就拉平了！"

夫妻之间吵吵闹闹是常有的事，有的小打小闹就过去了，可有的气得决心分家，这种时候，只要你能把对方逗笑，僵局自然就被打破了。

约翰先生下班回家，发现妻子正在收拾行李。"你在干什么？"他问。"我再也待不下去了，"她喊道，"一年到头老是争吵不休，我要离开这个家！"约翰困惑地站在那儿，望着他的妻子提着皮箱走出门去。忽然，他冲进房间，从架上抓起一只皮箱，也冲向门外，对着正在远去的妻子喊道："等一等，亲爱的，我也待不下去了，我和你一起走!"怒气冲天的妻子听到丈夫这句既可笑又充满对自己爱心和歉意的话,就像气球被扎了一个洞,很快气就消了。

当约翰的妻子抓起皮箱,冲出门外之时,我们不难想象,约翰是多么难堪、焦急!但他既没有苦劝妻子留下,也没有作任何解释、开导,更没有抱怨和责怪,而是说:"等一等,亲爱的,我也待不下去了,我和你一起走!"这哪像夫妻吵架,倒像一对恩爱夫妻携手出游。约翰这番话,以谐息怒,不但会让妻子感到好笑,而且还会让妻子体会和理解丈夫是在含蓄地表达自己对妻子的爱心和歉意,以及两人不可分离的关系。听到这番话,妻子怎能不回心转意呢?

恐怕谁都有当众滑倒的经历,每每回想起来都还会感到脸红。摔倒的场面总是很滑稽,难免会引得大家笑,你不妨用一种荒诞的逻辑将这种尴尬变成有利因素,从而自然大方地从困境中解脱出来。

1944 年秋,艾森豪威尔亲临前线给第二十九步兵师的数百名官兵训话。当时,他站在一个泥泞的小山坡上讲话,讲完后转身走向吉普车时突然滑倒。原来肃静严整的队伍轰然暴响,士兵们不禁捧腹大笑。面对突发情况,部队指挥官们十分尴尬,以为艾森豪威尔要发脾气了。岂料,他却幽默地说:"从士兵们的笑声看来,可以肯定地说,在我与士兵的多次接触中,这次是最成功的了。"

顺着对方的话锋说话

顺梯而下,是指依据当时有利的时机,只要有可能,不可更多地纠缠,应顺势而下,不需要特意地去找,自然而然,做得巧妙,不会引起他人的注意,自己依然保持着主动的局面。顺梯而下有以下两种表现。

» 顺着对方的话题而下

有时候，一个话题要进行下去，可朝着多种方向发展，我们可以有意识地将话题引往有利于自己的方向，然后顺着话题及时撤出去。

在一次师生座谈会上，师生之间聊起了如何面对自己弱点的话题。会议进行得很温和，从不指名道姓，遇到要举事例的时候，也是以假设开始，诸如"假设你有什么弱点，你该怎么做"。可是后来会议特意留出了一定的时间，让学生就不懂的问题向在座的老师请教。一位同学站起来向一位姓何的老师提问："当一个人遇到了非常难堪的事情，他可以正视它、战胜它，但也可以逃避它，哪种方法更好些呢？"何老师首先肯定了这位同学合理的分析，说："正视它，战胜它！"这位同学接着又问："能不能问您一个隐私的问题……"正在那位同学还在犹豫该不该问时，何老师说话了："既然是隐私问题，就不好当着众人的面讲，如果你感兴趣，会后我们可以私下里谈谈。"

在这里，如果何老师让那位同学把话说下去的话，接下来肯定会使自己左右为难，不如顺着对方的话音，巧妙地撤出去，不在原来的话题上打转转。

那些毫无根据又极具挑衅性的提问总是会激起人们的反感，但是直接的指责反而会显得自己涵养不够。所以，我们不如根据对方的诘问，为自己编造一个更严重的罪责，嘲讽对方无中生有、不讲礼貌，表达我方对这种无凭无据的问题的极大愤怒和拒绝回答的态度。

家庭生活中，难免有下不了台的时候，顺梯而下的方法也可适当利用。

小张有一次到朋友家做客，恰巧他们夫妻在挂一幅装饰画。丈夫

230

问妻子："挂正了吗？"妻子说："挺正的。"挂好后，丈夫一看，还是有点歪，就抱怨说："你什么事都马马虎虎，我可是讲求完美的人。"做妻子的有点下不来台，见有人在场便开口道："你说得对极了，要不你怎么娶了我，我嫁给了你呢！"这一巧妙的回答，不仅挽回了面子，又形成了一种幽默的气氛，做丈夫的也感到自己失言了，以一笑来表示歉意。

» 顺着他人解围而下

在谈话中，如果因为我们自己的难堪，造成整个气氛的不和谐，可能会有知趣的人站出来，及时替你解围，这时，就应该抓住时机，顺着他人解围及时撤出。

小明喜欢和他人诡辩，并且以此为乐事。一天将近中午吃饭时，小可深有感触地说："人是铁，饭是钢，一天不吃饿得慌。"小明接着说："这句话就不对了，据科学分析，人是可以饿7天的。"小可说："那你饿7天看看。"小明接着说："这句话你又错了，你也可以饿7天的。"小可说："我才没那么傻呢，只有疯子才干这样的蠢事。"小明又说："历史上，很多当时被认为是疯子的人，后人把他们看作伟人。"小明就这样无限地推演下去。哪知小可的个性淳朴，不喜欢这样饶舌，后来就有点无法忍受了。这时小明的好友小冬见状，凑过来说："我们的小可最大的'优点'就是说错了话还不承认。"小可接过话头说："小冬真是了解我。"说着对小明一笑，走开了。

顺梯而下是解窘见效很快的方法之一，它能使人逃脱于无形，而让制造尴尬的人立即停止发话，可谓一箭双雕。

不好回答的话可以岔开说

在语言交际中，我们经常会遇到一些令人尴尬的问话，比如，涉及国家、组织的秘密，涉及个人收入、个人生活、人际关系等问题。如处于这样的尴尬场合时，就需要具备"顾左右而言他"的语言艺术，从而能使你面对尴尬而取得峰回路转、柳暗花明的效果。

最简单直接的做法就是把话题故意转向其他地方。

某单位一女工结婚，在单位散发喜糖。刚巧该单位有一位尚未谈对象的33岁的大龄女青年，大家吃着糖，突然一位同事笑着对那位女青年说："喂，什么时候吃你的喜糖？"大家都望着那位女青年。那位女青年脸微微一红，把脸转向邻近的一位女同事，然后指着那位女同事身上的一件款式新颖的上衣问："咦？这件上衣什么时候买的？在哪个商店买的？"两个人便兴致勃勃地谈起了那件衣服。

在大庭广众之下问大龄女子何时结婚确实是件很不礼貌的事情。女青年碰到这个尖锐的问题时处境十分尴尬，回答不好可能会引起大家的闲话，再说这事也没必要让大家来参与。于是她立刻把话题转移到同事的衣服上，借以回避对方的无聊问题。问者受到毫不掩饰地冷落，自然也意识到自己的失礼，没有理由责怪女青年对自己的置之不理。

毫无疑问，直接转移法可以让你立即摆脱刚才那个令你难堪的话题，然而有一点不足的是，这样显得十分生硬。将话题飞快转向与之毫不相干的地方，看似快速甩开了为难局面，可是心理上仍然是有阴影的。因此，我们要学会更含蓄的言他法——岔换。

岔换法是针对对方的话题而岔换新的话题，字面上看是回答了对方的问题，而实质意义却是不相干的两个问题。它给人的感觉通常是干脆利落，能显示出一种较为强硬的表达气息。

比如，有个发达国家的外交官问非洲一个国家的大使："贵国的死亡率必定不低吧？"大使接过话题就立即掷出一句："跟贵国一样，每人死亡一次。"

这位外交官的问题是针对整个国家说的，而大使岔开话题直言不讳地换用"每个人的死亡"作答，显示了一种针尖对麦芒的强硬态度。

大诗人普希金有一次在彼得堡参加一个公爵的家庭舞会，当他邀请一位小姐跳舞时，这位小姐极傲慢地说："我不能和小孩子一起跳舞！"普希金很礼貌地鞠了一躬，笑着说："对不起！亲爱的小姐，我不知道你怀着孩子。"说完便离开了，而那位漂亮的小姐无言以对，脸上绯红。

反讽不是气急败坏的叫嚣，也不是"黔驴技穷"的狂鸣，它应该是偶尔露出的峥嵘，锐利锋芒的一现。

利用语言的双解，普希金巧妙将话题的针对点从自己身上转到了那位漂亮的小姐身上，不露痕迹地就将自己的尴尬转化为了漂亮而又傲慢的小姐的尴尬。所以，我们在采用"顾左右而言他"的解围法时，应尽量把它运用得不露痕迹，婉转巧妙。

话不投机，及时转弯

在日常生活和社会交往中，尤其是在比较正式的场合，如聚会、会议等常会出现冷场现象，彼此都尴尬。冷场，在人际关系中，它无疑是一种"冰块"。打破冷场的技巧，就是及时融化妨碍交往的

"冰块"。

谈话者之间存在以下几种情况时，最容易因"话不投机"而出现冷场：

彼此不大相识；

年龄、职业、身份、地位差异大；

心境差异大；

兴趣、爱好差异大；

性格、素质差异大；

平时意见不合，感情不和；

互相之间有利害冲突；

异性相处，尤其单独相处时；

因长期不交往而比较疏远；

均为性格内向者。

谈话出现冷场，双方都会感到尴尬。但只要谈话者掌握住了破"冰"之术，及时根据情境设置话题，冷场是很容易被打破的。

» 要学会拓展话题的领域

开始第一句话要注意的是使人人都能理解，人人都能发表看法，由此再探出对方的兴趣和爱好，拓展谈话的领域。如果指着一件雕刻说"真像某某的作品"，或是听见鸟唱就说"很有门德尔松音乐的风味"，除非知道对方是内行，否则不仅不能讨好，而且会在背后挨骂的。

如果不知道对方的职业，就不可胡乱问他，因为社会上免不了有人会失业，问他的职业无异于逼迫他自认失业，这对自尊心很重的人来说是不太好的。如果你想开拓谈话的领域而希望知道他的职业，只能用试探他的方法："先生常常去游泳吗？"如果他说"不"，你就可以问他是否很忙，"每天上哪儿消遣最多呢？"接下来探出他是否有固定工作。如果他回答"是"，你便可加上一句问他平时什么时候去游泳，从而判断他有无职业。如果他说是星期天或每天下午 5 时以后去，那无疑是有固定工作。

确定了别人有工作，才可问他的职业，这样就可以谈他的工作范围内的事情。如果不知对方有没有职业，或确知对方为失业者，那么还是谈别的话题为佳。

» 风趣地接、转话题

在谈话中善于抓住对方的话题，机智巧接答，可以使谈话变得风趣，从而使谈话氛围活跃起来。有一个典型的例子：当我们夸奖对方取得的成绩时，总能听到这样的回答："一般、一般。"倘若我们不接着话茬儿说下去，就有点赞同对方的"一般"说法的意思，达不到接话的目的。可以这样回答："'一般'情况尚且如此，那'二般'情况就可想而知了。"言外之意是说："你一般的情况才如此的话，我'二般'的情况就更不值得一提了。"这类搭茬儿，一般是采用谐音、双关的手法，接住对方的话茬儿，作风趣的转答。

巧妙地接答对方的话茬儿，可以把原来的话题引向另一个话题，使谈话转变一个角度继续进行下去。

刘某是公司负责某一地区的销售业务员。公司为了加强和客户之间的联系，特举办了一年一度的"联谊会"。公司安排刘某在会议期间陪同他的客户顾某。他们路过一家商场，谈起了商场销售情况。末了，顾某深有感触地说："现在，市场竞争够激烈的。"刘某接过他的话茬儿说："就是。在你们单位工作的业务员也不少吧？"就这样刘某既把话题延伸下去，同时又把话题转向有利于自己的方向。

» 适时地提一些引导性的话题

提出引导性话题，可以给他人留下谈话时间和空间，特别是对于那些不善于当众讲话的人。这些话题可以根据对方的性格特点、兴趣爱好、职业性质等方面来设置。比如："近来工作顺利吧""听说你最近有件高兴的事，是什么呢""前一阵我见到你的孩子，学习怎么样"？先用这些听起来使对方温暖的话寒暄一下，便于开展谈话。对于那些在公司上班的人，可以探问对其公司的日常规则的看法，例如："你们公司每周都要举行升旗仪式，之后还要做早操、召开例会，你怎么看？"引导性话题应该注重可谈性和可公开性。对学文的不宜谈深奥的理科的问题，反之亦然。不宜在公开场合触及个人隐私，或者是背后议论他人等。如果引导性话题过于敏感，或者不是对方的兴趣爱好，或者过于深奥，超出了对方的知识结构等原因，对方也许不愿说，也许真的无话可说。提出这类话题，目的是让对方开口讲话，如果不能让对方讲，那还有什么意义呢？

在提一些引导性话题的时候，也要注意方法和策略，不要让对方感到难以回答或附和而已。比如："你是不是也觉得你们现在的厂长很能干？"人家要说赞同，他自己的确也有保留意见；要说是不赞同，而你已经认可了，他总不至于在你的面前进行反对吧，何况是说别人的坏话呢？这样的话题，处理得不好会让自己失去谈话的亲和力，适得其反。另外，也不要问些大而空的问题，让人不知从何说起，最好具体点。

如果是由于自己太清高、架子大，使人敬而远之而造成双方的沉默，那你在交谈中应该主动、客气及随和一些。

如果是由于自己太自负、盛气凌人，使对方反感而造成了沉默，则要注意谦虚，多想想自己的短处，适当褒扬对方的长处。

如果是由于自己口若悬河，讲起话来漫无边际、无休无止，而导致了对方的沉默，则要注意自己讲话适可而止，给对方说话的机会，不要让人觉得你是在做单方面的"传教"。

有时装作不懂事的样子，往往可以听取他人更多的意见。反之，你表现得太聪明，人家即使要讲也有顾虑，怕比不上你。如果我们用"请教"的语气说话，引起对方的优越感，就会引出滔滔话语。一般人的心理是总喜欢教人，而不喜欢受教于人。

冷场的出现，往往与"话题"有关。"曲高和寡"会导致冷场，"淡而无味"同样会引起冷场。不希望出现冷场的交谈者，应当事先做些准备，使自己有一点"库存话题"，以备不时之需。

千哄万哄哄到她心软

要想邀请自己的心上人出去游玩，在很多男孩子看来，不是一件很容易的事，因为女孩碍于矜持和体面，通常会拒绝邀请。然而，你在此处止步不前了，自然也会无果而终。其实女孩都需要男孩"哄"，只要你哄得恰到好处，问题看来也不是那么难。

多数时候，你最好单刀直入，不给她说"不"的机会。养成主动的习惯，才能更好地追求到喜欢的人。

当你要去邀请她时，不要用商量的口气问她"愿不愿意……"之类的话，而最好武断地说："咱们一道去……"

虽然女人也有不愿意与你同行的时候，但是如果她想说"不"的话，则多少会给她造成心理负担，使她对你有一种歉疚感。

然而，你如果用"愿意不愿意……"这种问法，乍看起来好像非常"绅士"，但事实上却给了对方说"好"或"不"的两种机会。不用多说，责任上的分担都推给了对方，而有些女人又不习惯于承担任何责任，所以警戒心高的女人，为了不节外生枝，干脆就摇头对你说"不"了。

"愿意不愿意……""要不要……"这种尊重的言辞被接受的可能性实在太小了，你可能也有这种经验吧。

相反地，如果你用单刀直入的问法"咱们去……吧"那就大不一样了。

下面这一段，是一位小伙子煞费苦心地劝说女朋友答应他的邀约的对话：

"你今天真漂亮。晚上6点钟我们出去吃顿饭、聊聊天，好吗？"

"不行。"

"我们应该彼此多了解一点。就在6点钟好了，到时我来接你。"

"不行。"

"说不定我们可以遇到一个我们喜欢的人，或是一件有趣的事呢！就今晚6点钟吧？"

"不行。"

"6点钟见面以后，我们可以吃顿饭、看场电影，然后到咖啡厅去坐坐，我们会有一个非常美妙的夜晚的，还是去吧！"

"是吗？"

"我发觉我越来越喜欢你，今天晚上一定要见到你，就6点钟，我来接你。"

"那好吧，就6点钟再见。"

这是一个聪明的男孩，他使出了浑身解数，终于让对方由说"不"到说"是"。他不断地给对方勾勒出一幅美好的预期的画面，最后女孩终于动心了。

还有一些男孩在邀请女孩的时候以情真意切为主打，让女孩感觉到温暖、真心，女孩被打动了，自然会对你言听计从。这是一封男孩写给他喜欢的女孩的邀请信，它饱含着满怀的激情和热爱，执着与关怀：

在这之前我想先向你道谢，谢谢你借我一双手和我一起抗衡寂寞的冷、战胜寂寞，谢谢你为我剪断思念，照亮黑夜。

《哈利·波特》是一部很不错的电影，不是吗？主角们受到攻击时，我听见你细声低喊；舞会那一幕，我们都看得很入迷，我恨不得拉着你跳进去和他们一起共舞；主角与巨龙战斗那8分钟，你的呼吸被音乐操控了，我陪你一起紧张；年轻有为的角色死得如此可惜，你的叹息让我的心漏跳了一拍。

回程的时候，车里空气很薄，我的呼吸有点急促。能和你交谈的话题很少，因为我不健谈。我的CD播放了很多歌，张栋梁的、杜德伟的、李圣杰的、品冠的、光良的，你只哼过李圣杰的《痴心绝对》。唔，我会记起来，痴心绝对。

我双手握着方向盘，我知道回家的方向，却不知道自己的方向。你总是让我迷惘。空调散出的低温空气是绷紧的气氛，笼罩着车子里的两个人。你说再见、晚安，把我的快乐辛酸留了下来。我把车子停在原地，才发觉车子里缺少的气体是勇气。我说再见，因为我想再见。

我想向你道歉，原谅我的不健谈。我决定再邀你看一场电影以示歉意。放心，我会预先选好位子，不会像这次坐在 F15 和 F16 的位子。坐在这位子会令我们的脖子很酸，这一家戏院的冷气也特别的冷。唔，好的，下次我会记得带外套。

再次向你道歉，原谅我不够细心，忘了带外套为你御寒，忘了预先选好位子，忘了买好可乐和爆米花给你享用。一切一切，我都感到深深的歉意。

别担心我，得不到你的原谅，我只是会魂不守舍，上课没心听课导致成绩下降、走路撞到柱子搞得头昏脑涨、忘记吃饭令我虽生犹死、睡不了觉引起情绪不稳定、驾车不专心撞出一场世界性的创举而已。基本上，死不了，所以你有权利不原谅我。但是，基于基本的礼貌，我觉得我还是得等你原谅，等你给我一个赎罪的机会。

这样诚挚的话语，恐怕对方是很难拒绝了。这个男孩无疑又多了一次让对方了解他的机会。

"谨慎""谦恭""有风度"是妇女的传统美德和本能表现。因此，在邀请她们出游的时候要拿出你的勇气，让她们看到你的决心与诚意。女孩子其实都是需要耐心哄的，也是很容易心软的。

甜言蜜语让爱情更上一层楼

男女相处的时候，有时甜言蜜语非常受用，尤其是爱侣已到了接近谈婚论嫁的阶段，不妨大胆些，在言语间多放点"蜜"。沐浴在爱河中的人，是不用客套的字眼的。任何海誓山盟，"爱你爱到入骨"的话也可以说，不必怕肉麻，除非你并不爱他（她）。与他（她）久别重逢时你可以讲：

"好像在做梦，多么希望永远不要清醒。"你以充满爱意的眼神望着他（她）。

"总是惦念着你！别的事我一概不想……我感觉好像一直跟你在一起。"

这是"无法忘怀、时时忆起"的心境，只要谈过恋爱的男女，一定有此体验。除了他以外，任何事都不放在眼中，总是想念着他（她）。上面那句话不用怕羞，可以反复使用。相爱之初，热烈的甜言蜜语绝对不会使人感到厌烦，也许还认为不够呢！

"你喜欢我吗？"你不妨大胆地问他（她）。

"说说看，喜欢到什么程度？"或用这样的语气追问。"请你发誓，永远爱我！"甚至你单刀直入地这样对他（她）撒娇说。

"世界是为我们而存在，对不对？"

"你爱我，我可以抛弃一切！你也是这样？爱就是一切。"

"你不会背弃我吧？如果你抛弃我，我会寻死！"

不要以为甜言蜜语说出来就是为了一时的气氛，仅仅是为了逗对方开心。甜言蜜语对整个爱情的加固都起着重大作用，它是爱情运转的润滑剂。

"如果你爱我，有什么为证呢？"这是女人经常挂在嘴边说的话。女性就是希望在有形的、眼睛和耳朵都能感觉到的形式上确认"自己对他是不可缺少的人"。例如，恋人之间在见面的时候，男方没有抱抱她的肩或握握她的手，她就要怀疑他是否爱她，甚至因此而解除婚约的女性也大有人在。妻子新做的一个发型，或穿上了一件新衣服时，做丈夫的假如不发一言，她会认为你无动于衷，这样她就会感到不满。

女性要求认可的欲望很强，恋爱中的更不用说了，就是在结婚后，女人也爱问："亲爱的，你爱我吗？"她时常要求确认"爱"，而对此感到退却的大多是丈夫。在男人看来，不管如何爱她，"我爱你"这三个字只要讲过，就不想说第二次。男人总是这样认为，我是否爱你，可以在实际行动中表现出来。

　　可是，对女性来讲，语言比行动更为重要。假如男人不在她们耳边重复地说"我爱你"，他们就认为不能与对方沟通。处于幸福、甜蜜状态的女性，都是根据丈夫的"爱语"或反复的动作得到安心和满足的。

　　因此，满足这种心理是男性的任务，"我爱你""我喜欢你"这些话对女性是非常重要的。她们认为这样是女性显示内在价值和魅力的标志所在。

　　当她们想要得到认可的欲望被满足后，她们就会心安理得安安分分地去做一个好妻子，爱情就会变得更加和睦。

　　通常，男子都爱花言巧语，何不把美丽的话语多用在妻子身上呢？

　　"你一身打扮真是漂亮极了，让我好好看一看。"

　　"你总是那么迷人，来，跟我坐会儿。"

　　"别太累，待会儿我帮你做，咱们到河边散散步，好吗？"

　　"你这两天太辛苦，我带你出去吃一顿。"

　　"我们单位的同事都夸你贤惠能干。"

　　"拥有你是我最大的福气。"

　　"别生气，一生气你会变丑的，不信去照照镜子。"

　　"等我有钱了，好好带你去外面走走，咱们两人重新过一次蜜月。"

　　"你脸色不大好，身体哪儿不舒服吗？"

　　"你早些休息，今天的事我来做。"

"还记得我原先写给你的情书吗？"

"你一生都会爱着我吗？"

"你不要对我这么凶，好吗？我心里很伤心。"

"这个家没有你，简直就难以想象。"

"我老婆做的菜真好吃。"

"你真伟大。我怎么想不到呢？"

"结婚纪念日我们去照张合影吧？"

"爬高爬低的事我来做，你别上上下下的，小心些。"

"《结婚的爱》我看了，写得真好，你看看吧。"

总之，做丈夫的要把你的爱通过甜言蜜语表现出来，让她时刻体会到你深爱着她，并时时创造一种美妙的生活环境取悦于她，那样你们的感情会一天比一天深厚，妻子对你的爱也会一天比一天深。这对于你并不麻烦，同时她的愉快传染给你，成为两个人的愉快；她的美丽心情成了你的财富，丰富你的情感生活。

很多人在谈恋爱时把恋人看得很完美，花前月下，卿卿我我，有时明知道对方的某种缺点自己难以接受，可指出来又怕伤害对方的感情，于是就装出一副菩萨心肠，一忍再忍。其实这和父母溺爱孩子一样，终究会酿成苦果的。那么，年轻的恋人怎样既能指出他（她）的缺点，又不伤他（她）的心，更重要的是还要让他（她）接受你的意见呢？

其实有许多窍门，比如对对方进行旁敲侧击，促其反思并改正。

某局长的千金小徐和本单位的小李谈恋爱时总是显示出某种优越感，因为小李是农家子弟，大学毕业分在局里做科员，没有什么"靠山"。有一次小徐到小李家做客，对小李家人的一些生活习惯总是流露出看不顺眼的情绪，并不时在小李耳边嘀嘀咕咕。吃过晚饭把小姑子支使得团团转，又是叫烧水又是让拿擦脚布什么的。小李看在眼里很不是滋味。他借机笑着对妹妹说："要当师父先做徒弟嘛！你现在加紧培训一下也好，等将来你嫁到别人家里，也好摆起师父的架子来。"小李这么一说，小徐当时似乎听出了什么，过后不得不在小李面前表示自己有些过分了。

小李不失时机地用"要当师父先做徒弟"的俗话来提醒小徐，避免了直接冲突。即使对方当时略有不满，过后也会有所感悟。

当对方的所作所为引起自己的不满时，也可用诙谐的言谈让对方笑着接受自己的"不满"。

雅倩非常喜欢跳舞，男友小张偏是个好静的人，正参加自学考试，但常被她拉去"看"舞。雅倩有个很不好的习惯，不跳到舞厅关门不尽兴，久而久之小张就受不了了。有一次他们从舞厅出来已是夜里12点多了，小张说："你的慢四跳得很棒，我还没看够，你一路跳回宿舍怎么样？"雅倩撒娇说："你想累死我啊！"小张一副认真的样子："不要紧，我用快三陪你跳。"雅倩扑哧一乐："亏你想得出，丢下我一个人也不怕我碰上流氓？"小张这时言归正传："那你在舞厅丢下我一个人也不怕我打瞌睡被人掏了包儿？"雅倩这时才知道男友压根儿没有兴趣跳舞，以后就有所收敛了。

对恋人的不满不用憋在心里，可以适当对对方提出自己的意见，但是要用对方法，否则只会破坏感情而于事无补。

经调查，有3句话是女人最喜欢听到男人说的。请有女友或老婆的男士们记住以下3句话，不管你是否出自真心，请尽量多地对你的伴侣说出这些话，让她们知道你有多在乎她们。

"你真的很漂亮"

无论是貂蝉还是西施，被人称赞漂亮都是件非常荣幸的事情。如果在一个富有意义的约会，你能够火眼金睛地发现女友今天的特殊打扮，并且非常符合情景地说出这句话，相信一定可以给你们的感情加分不少。天下没有丑女人，只是在审美的对比下，有些人只是不符合你审美的胃口而已。

"今生我只爱你一个人"

虽然这话的可信度不高，但是不少女人还是甘心被欺骗。很多女人都相信行动比承诺更可靠，可是如果可以真的听到这样一句话，又有哪个女人不会倾倒怀中。当然这句话说出来的时候也要符合情景，并且用坚定的眼神告诉她你说的是发自内心的话。

"我爱你"

这三个字自古以来就拥有神奇的魔力，所以在合适的时间、恰当的地点，这三个字已经被用很多形式表达出来，并且它的魔力更是经久不衰。

图书在版编目（CIP）数据

如何改变习惯 / 连山编著 . — 长春 : 吉林文史出
版社 , 2019.1（2021.1 重印）
ISBN 978-7-5472-3868-4

Ⅰ . ①如… Ⅱ . ①连… Ⅲ . ①习惯性－能力培养－通
俗读物 Ⅳ . ① B842.6-49

中国版本图书馆 CIP 数据核字 (2018) 第 277571 号

如何改变习惯
RUHE GAIBIAN XIGUAN

编　　著：连　山
责任编辑：孙建军　董　芳
出版发行：吉林文史出版社有限责任公司（长春市福祉大路 5788 号出版集团 A 座）
　　　　　www.jlws.com.cn
印　　刷：三河市京兰印务有限公司
版　　次：2019 年 1 月第 1 版　2021 年 1 月第 3 次印刷
开　　本：145mm×210mm　1/32
印　　张：8 印张
字　　数：195 千字
书　　号：ISBN 978-7-5472-3868-4
定　　价：38.00 元